小家电产品创新设计及应用

Innovative Design and
Application of Small
Home Appliance Products

谭宁 著

化学工业出版社

·北京·

内 容 简 介

本书以小家电设计为脉络，内容包括小家电的产品概貌、技术和原理、用户和市场、设计和创新、设计前沿等，以小见大，由小家电的设计程序窥见所有类别产品的设计程序。

本书适合工业设计、产品设计，特别是小家电设计、制造等技术工作者阅读参考，也可作为高等院校相关专业师生的参考书。

图书在版编目（CIP）数据

小家电产品创新设计及应用 / 谭宁著. -- 北京：化学工业出版社，2025. 2. -- ISBN 978-7-122-47334-9

Ⅰ. TM925.02

中国国家版本馆CIP数据核字第2025M9J912号

责任编辑：陈 喆　　　　　装帧设计：孙 沁
责任校对：宋 厦

出版发行：化学工业出版社
（北京市东城区青年湖南街13号　邮政编码100011）
印　　装：北京云浩印刷有限责任公司
710mm×1000mm　1/16　印张12　字数218千字
2025年2月北京第1版第1次印刷

购书咨询：010-64518888　　　　　售后服务：010-64518899
网　　址：http://www.cip.com.cn
凡购买本书，如有缺损质量问题，本社销售中心负责调换。

定　价：79.00元　　　　　　　　版权所有　违者必究

前言

本书以生活中最常见的小家电的设计打开学习产品设计的大门。

任何产品的形态都有一定的设计逻辑，偏向感性或偏向理性。以追求形式美感、风格个性、潮流时尚为主要目的的产品倾向于感性的思维模式；以生存发展、功能、效率、舒适、健康为主要目的的产品，只有从理性分析出发进行设计才有可能获得成功。

理性的产品设计逻辑，首先需要在理性基础上理解产品。通过动手拆解产品，从结构、工作原理、功能、尺度方面理解产品，认识到产品的原理和流程是产品成形的"内"，结合产品形式的"外"进行创新，综合运用逻辑思维能力、理解能力、动手能力、观察能力，以理性的产品设计程序为设计逻辑打下坚实的基础。从微观解读产品形态，从中观理解产品内核，从宏观整合产品理念，以掌握产品设计的技能和理解产品设计程序。

以解读产品成形内因作为设计展开的起点，在设计进程中整合各种能力。

市场经验丰富的企业决策者，在开发新产品、选择产品设计方向时，能凭直觉判断产品设计概念的盈利潜质。但在产品研发时，对产品设计方案的选择是依靠对市场、用户、产品等诸多因素的理性分析来做出的。在产品设计程序中，设计的"内"和"外"相结合，感性和理性两条脉络交叉融合，既要求设计表现能力，对形式元素的处理突出感性，也要求能理解产品的技术基础，具有敏锐的观察能力和直觉，能够抓住关键问题进行概念定位。产品设计需要进行理性分析，才能增加产品推出后在市场上的竞争力。

按照产品设计程序，选择原理简单的产品作为对象，拆解产品，在掌握产品理性的基础上进行创新，通过产品设计方法和流程的训练，避免单纯的形式创新，这有利于塑造理性思维和形成科学的设计逻辑。以产品的功能分析、工作原理解读、结构原理的解读为开端，通过动手拆解，重组产品功能部件，绘制产品工作原理图、结构图、功能分区图，进行功能分析、任务分析来实现对产品的理解。

小家电是具有简单结构、工作原理和功能的产品，以其为对象，易于透过现象看本质。以小家电为对象展开设计程序相关的学习，容易理解和掌握产品的功能、工作原理和技术；容易展开用户研究，通过体验式使用和观察理解用户，掌握用户知识和体验。通过动一动、拆一拆，理解产品的方方面面，结合基本的设计方法挖掘产品的痛点，最后完成设计项目。

在进行学习时，前期理解产品，还原产品结构，强化对产品工作原理的认知；中期注重研究用户，挖掘产品痛点，形成产品设计概念，并基于对产品功能、工作原理、结构的理解进行产品开发；后期致力于产品设计概念和设计结果的表现。

学习内容按以下环节进行，产品研究、用户研究的内容穿插在各个环节中间。

明确设计任务后，先进行录像和访谈，围绕用户获得一定的调研信息，仔细观看视频，掌握产品的使用情境，查阅资料和体验产品发现问题，后期根据前期调研结果补充访谈内容。开展背景、用户、环境调研，为发现问题、寻找产品痛点做好准备。通过相关研究确定设计概念方向后，构思设计方案，探索方案的可行性，并进行设计表达，完成设计任务。

由于时间仓促，书中难免有不足之处，恳请广大读者批评指正。

著者

目录

第 1 章　走进家电产品世界 1
1.1　家用电器的分类及发展趋势 2
1.1.1　家用电器的分类 2
1.1.2　家用电器的发展趋势 4
1.2　家用电器的基本设计规范 9
1.2.1　家用电器的用电标准 9
1.2.2　家用电器的触电保护 9
1.2.3　家用电器产品用电安全相关的要求 11
1.2.4　家用电器的噪声 14
1.3　小家电产品 16
1.3.1　小家电产品的分类及特征 18
1.3.2　小家电产品的发展趋势 21
1.3.3　小家电产品的设计创新困境 22

第 2 章　动动手理解小家电产品 24
2.1　对产品的理解 25
2.1.1　产品的功能 26
2.1.2　产品的结构 27
2.1.3　产品的工作原理 29
2.2　小家电产品的拆解 31
2.2.1　小家电产品的组装工艺 33
2.2.2　产品的拆解工具及材料准备 38
2.2.3　产品拆解要求 40
2.3　产品拆解过程记录 41
2.3.1　拆解过程动态记录 42

2.3.2	拆解过程静态记录	42
2.3.3	拆解后产品的数据测量和记录	42

2.4 拆解后产品的二维理解 ························· 44
 2.4.1 小家电产品的结构理解和呈现 ················ 44
 2.4.2 小家电产品的工作原理理解及呈现 ············ 46
 2.4.3 小家电产品的功能分析与呈现 ················ 49
 2.4.4 小家电产品的尺度分析与呈现 ················ 51

2.5 产品的三维理解 ································ 51
 2.5.1 建模还原 ·································· 51
 2.5.2 爆炸图表达 ································ 52

2.6 设计任务解读 ···································· 53
 2.6.1 设计任务内容 ······························ 53
 2.6.2 技能要求 ·································· 53
 2.6.3 设计思考 ·································· 54

第3章 小家电产品的用户研究 ·················· 55

3.1 小家电产品用户研究 ······························ 57
 3.1.1 关于用户 ·································· 58
 3.1.2 用户研究的内容 ···························· 59
 3.1.3 用户研究的准备 ···························· 59
 3.1.4 用户研究的资料 ···························· 63
 3.1.5 不同阶段用户研究的差异 ···················· 64

3.2 用户研究的目标和程序 ···························· 68
 3.2.1 用户研究的目标 ···························· 68
 3.2.2 用户研究的基本程序 ························ 68

3.3 用户研究的方法 ·································· 70
 3.3.1 问卷调查 ·································· 70
 3.3.2 观察法 ···································· 70
 3.3.3 访谈 ······································ 79
 3.3.4 卡片分类法 ································ 86

- 3.4 用户研究结果的呈现 ... 86
  - 3.4.1 角色法 ... 86
  - 3.4.2 情境故事法 ... 89
  - 3.4.3 角色法和情境故事法的优缺点 ... 93
- 3.5 以用户研究为基础的人和产品系统分析 ... 94
  - 3.5.1 功能分析 ... 94
  - 3.5.2 任务分析 ... 97
  - 3.5.3 用户旅程地图 ... 101
- 3.6 设计任务解读 ... 103
  - 3.6.1 设计任务内容 ... 103
  - 3.6.2 设计技能要求 ... 104

第 4 章 产品创新设计 ... 105

- 4.1 产品创新方向 ... 106
  - 4.1.1 形态创新 ... 107
  - 4.1.2 CMF 创新 ... 109
  - 4.1.3 体验创新 ... 116
  - 4.1.4 人机工程学创新 ... 120
  - 4.1.5 技术创新 ... 124
  - 4.1.6 其他类型的创新 ... 124
- 4.2 技术型创新的小家电企业 ... 125
  - 4.2.1 戴森的创新企业文化 ... 125
  - 4.2.2 戴森：以技术推动产品创新 ... 125
- 4.3 巴慕达的设计 ... 136
- 4.4 围绕用户需求创新 ... 142

第 5 章 设计表达 ... 143

- 5.1 手绘草图绘制 ... 144
  - 5.1.1 手绘的作用 ... 145
  - 5.1.2 手绘的内容 ... 145

5.2 产品设计常用的软件 ································· 155
5.2.1 二维软件 ····································· 156
5.2.2 三维软件 ····································· 156
5.2.3 渲染和动画软件 ······························ 157
5.3 设计版面 ·· 158
5.3.1 产品设计版面的内容 ······················ 160
5.3.2 产品设计版面的三个原则 ················ 164
5.3.3 产品设计版面的视觉流程 ················ 165
5.3.4 版面的基本类型 ···························· 170
5.3.5 图形的类型及面积和组织方式 ·········· 172
5.3.6 图形的面积 ································· 173
5.3.7 产品设计版面统筹方法 ··················· 174
5.4 展示视频制作 ····································· 175
5.4.1 产品设计视频内容 ························· 176
5.4.2 产品设计视频剪辑软件 ··················· 176
5.4.3 产品设计视频展示原则 ··················· 177
5.5 设计模型制作 ····································· 177
5.5.1 模型的作用 ································· 177
5.5.2 模型按照其作用的分类 ··················· 178
5.6 设计报告的制作 ································· 178

参考文献 ··· 181

第 1 章　走进家电产品世界

1.1　家用电器的分类及发展趋势　　2
1.2　家用电器的基本设计规范　　9
1.3　小家电产品　　16

1.1 家用电器的分类及发展趋势

家用电器简称家电，是在家庭或类似条件下，以电能作为能源的器具。小家电是家电的重要成员，常指体积较小、功能相对简单的电器产品，如电风扇、吸尘器、榨汁机、破壁机、扫地机等。家电在设计和制造时，需要遵循相关的设计标准和要求，以确保产品的安全性、可靠性和基本功能。进行家电产品设计必须了解和认识这些标准和要求。在我国，小家电产品的设计、制造、销售都受到国家相关政策和法规的监管。国家鼓励小家电的创新和研发，以推动家电企业技术升级和产品质量提升。进行家电产品设计，首先要了解家电产品的分类和发展趋势。

1.1.1 家用电器的分类

家用电器的分类方法很多，常用的分类方法是按照颜色、工作原理、用途进行分类。

（1）按照颜色分类

① 白色家电，常以白色呈现，主要包括洗衣机、电冰箱、空调等能协助人们进行家务劳动或改善生活环境的产品。

② 黑色家电，常以黑色呈现，包括彩电、音响、游戏机等提供娱乐和健身功能的产品。

③ 米色家电，主要指电脑、投影仪等居家环境中使用的电子信息类产品。

④ 绿色家电，主要指注重产品高效节能，并且在报废后可以回收循环利用的家电，或者使用对人类和自然环境危害较小的材料制成的环保型家电。

（2）按照工作原理分类

① 电动类，即通过电动机带动工作的家用电器，如洗衣机、吸尘器等。

② 电热类，即利用电流的热效应进行加热工作的家用电器，如电炉、电热水器等。

③ 电磁类，即利用电流的磁效应进行工作的家用电器，如微波炉、电磁炉等。

④ 电子类，即利用电子技术进行工作的家用电器，如电视机、电脑等。

⑤ 制冷类，即利用电动机压缩空气再膨胀吸热来制冷或利用半导体的珀耳帖效应制冷的电器，如电冰箱、空调等。

⑥ 电光类，即利用通电发光原理工作的家用电器，如灯具、投影仪等。

⑦ 其他类，综合前六种原理工作的家用电器。

（3）按照用途分类

① 炊事家电，用于食品加工等的家用电器，如电炉、电饭锅、电炒锅、电烤箱、电磁炉、微波炉等。

② 空调家电，用于调节室内空气的温度、湿度，清除灰尘，加快室内空气的流动等的家用电器，如空调、电风扇、负离子发生器等。

③ 清洁家电，用于室内环境和物品的打扫、工人卫生清洁、衣物的洗涤和脱水、烟雾气体的排除等的家用电器，如吸尘器、洗衣机、干衣机、擦鞋机、电热水器、抽油烟机、洗拖地机器、空气净化器、净水器等。

④ 冷冻冷藏家电，用于食品饮料的冷藏、冷冻，冷食的制作等的家用电器，如电冰箱、冷藏柜、制冰机、雪糕机、冷饮机等。

⑤ 取暖家电，用于生活取暖的家用电器，如电炉、电取暖器、电热被褥、电热地毯等。

⑥ 照明家电，用于室内照明的家用电器，如台灯、吊灯、壁灯、装饰灯等。

⑦ 文娱家电，用于文化教育和娱乐的家用电器，如电视机、录/放像机、电子游戏机、收音机、录音机、组合音响设备等。

⑧ 理容家电，用于理发、干发、剃须、洗脸、面部按摩等的家用电器，如电吹风、电热梳、烫发器、电卷发器、直发器、电推剪、电动剃须刀等。

⑨ 信息的获取与处理家用电器，如个人电脑、电话机等。

此外，还有一些与人体健康相关的保健、卫生电器产品和其他在日常生活中需要的电器产品，如电疗器、按摩器、门铃、捕鼠器、警报器、电烙铁、电熨斗等。

随着社会发展，家电产品的发展呈现了两个相反的发展趋势，即集成多功能化以及单一专注化。对于厨房料理小家电来说，可以将其分为两类：一是复合功能厨房料理小家电，其兼具烹饪前食物加工、烹饪中食材料理和烹饪后器具清洗的功能；二是单一功能厨房料理小家电，其只具有烹饪前食物加工、烹饪中食材料理和烹饪后器具清洗三种功能之一。通过了解家电产品的特点和用途，可以更好地进行家电产品的设计研究。如图1-1所示的多功能厨师机，主要功能是和面，其他功能包括打发蛋清或奶油，均匀混合，以及面片、面条制作。图1-2所示的制冰机，专业性高，只有单一的制冰功能。

图1-1 多功能厨师机

图1-2 单一功能产品制冰机

1.1.2 家用电器的发展趋势

随着社会的发展、消费的升级、技术的迭代，人们不再满足于基本的物质生活需求，更多地追求情绪价值、重视审美、实现便利性、彰显个性，家电产品发展呈现出智能化、个性化、家居集成一体化趋势。社会发展、财富积累推动居民消费升级，人们的生活方式也发生了变化，与生活品质相关的健康类、健身类、养生类、适老化家电获得了极大的发展。

（1）家电产品智能化程度提升，电子产品和电器产品界限模糊

电子产品是以微电子技术和电子技术为基础，具有信号传输、数据处理、信息存储等功能的产品，常见的有手机、平板电脑、电子书等。电器产品是将电力转换成其他形式的能量，以用于不同场景的带电产品，而家电产品则是主要用于居家环境中的电器产品，如洗衣机、电冰箱、空调等。

智能技术和芯片技术的发展，促进家电产品形成电子化特征，使家用电器和家用电子产品界限变得模糊。随着传感技术、芯片技术、射频识别（RFID）技术、网络技术的发展，尤其是物联网技术在家用电器中的广泛应用，智能家电成为时代的主流。智能家电是将微处理器、传感器技术、网络通信技术引入家电产品，通过自动感知居室空间状态、家电自身状态、家电服务状态，自动控制家电及接收用户在住宅内或远程发出的控制指令控制家电；同时，智能家电与家居设施互联，成为智能家居系统的一部分，实现智能家居服务和管理。如图1-3所示的智能多功能料理机，仅有一个控制按钮，配备了大显示屏，具有电子产品的典型特征，显示屏能够呈现菜谱和学习视频；机器本身具有存储功能，可以存储食谱，能够联网下载菜单、食谱；机器具有蒸煮、搅拌、煎炒、烧水、和面、发酵等功能，具有智能终端功能，又能够精准控制烹饪时间和温度。

图 1-3 智能多功能料理机

与传统家电的智能化相比，首先，智能家电感知程度更高、感知领域更广。传统家电的智能主要体现在对时间、温度的感知上；现在的智能家电对人的动作、行为习惯、语音、情感都可以感知，根据感知信息自动执行指令进行操作。其次是技术处理方式不一样，传统家电更多是通过机械方式实现电器的智能功能，智能家电除了基本的机械方式外，往往依赖现代技术进行自动控制和精细管理，实现识别、定位、跟踪、监管、操控等功能。最后，人们对传统家电和智能家电的需求不一样，传统家电满足了生活的基本需求，而智能家电满足人们需求的层次更加丰富、品质更高。

物联网通过信息传感设备，按约定的协议，将物体与网络连接，物体通过信息传播媒介进行信息交换和通信，以实现智能化识别、定位、跟踪、监管、操控等功能。物联网的发展得益于各种传感技术的发展。家电领域常应用以下几种类型的传感技术：

① 温度传感器，监测温度变化，应用于空调、洗衣机等电器。如变频空调，根据室内温度的变化控制压缩机的启动，以实现节能减排；洗衣机能够监测水温变化，实现洗衣温度根据衣物材质变化。

② 湿度传感器，监测湿度变化，用于空气加湿器、智能洗衣机、电吹风等。如智能洗衣机或烘干机能够根据衣物的湿度自动调控脱水时间和烘干时间；带湿度传感器的电吹风能够根据头发的湿度启动和停机。

③ 光照传感器，应用于光照强度检查，可以根据光照强度的变化自动调节产

品，应用于智能灯具、智能窗帘等。

④ 烟雾传感器，用于监测烟雾浓度，常见于保障安全的烟感报警器、智能烟雾机等。

⑤ 人体感应传感器，通过红外热成像技术监测人体活动，常见于智能安防及智能照明产品等。如家庭门禁监控以及小夜灯、过道廊灯。

⑥ CO_2 传感器，监测空气中的二氧化碳浓度，应用于智能空气净化器等家电，能够根据监测的二氧化碳浓度自动启停机。

⑦ 水位传感器，用于监测水位高低，常见于洗碗机、洗衣机等用水家电中。

⑧ 声音传感器，应用于环境声音的监控，常见于智能语音控制产品，如智能音箱、智能手表、智能声控灯。

⑨ 重力传感器，用于监测产品的运动状态和倾斜程度，常见于电子台秤、床灯、走廊灯等。

⑩ 智能门禁传感器，用于监测门的开合状态，常见于智能门禁系统。

⑪ 射频识别（RFID），其原理为阅读器与标签之间进行非接触式的数据通信，以达到识别目标的目的。RFID在家电中，主要应用于门禁和开关管理。

（2）家电和家居空间一体规划，大家电整合，小家电预留布置空间

全屋定制、集成化家装将家用电器与家居设计整合为一体，大型家用电器日常位置固定，可内嵌入家具，家具布局考虑小型家用电器的收纳和使用。例如，图1-4所示为嵌入式厨房电器，是为家庭清洁家电及工具收纳柜、多样化的小家电规划了专门的收纳区域，实现了家电的合理布局，并且通过智能家居系统集成控制。

（3）品质家电"专、精、特、新"发展

随着经济发展、社会变化，人们愈发注重卫生、清洁、健康、品质，家电细分领域越来越多。传统的中医保健治疗产品也从专业产品转变成家用产品，以适应居家生活的需求，电艾灸、按摩治疗仪、红外治疗仪成为人们的家庭保健助手。同时，居家健身产品也小型化，智能健身电器产品成为人们健身、减脂、增肌的日常助理。具备专门功能的专业电器纷纷投入市场，很多家电的专业化程度不断提升，通过传感技术的应用，功能得以精准实现。产品的精致程度越来越高，与家居环境搭配成为人们选择电器的一个标准。小众的特殊领域的家电产品已进入大众视野，如电动玻璃清洁机。

图 1-4　嵌入式厨房电器

（4）宠物类家电产品成为家电界新宠

宠物饲养成为很多人满足陪伴需求和情感依托的一种方式。宠物饲养需求的增加，催生了宠物类电器产品的需求和研发。比如 PETKIT 宠物烘干机解决了宠物清洗后的烘干问题（图 1-5）；CATLINK 的智能猫厕所能够通过 App 远程智控，保障猫玩耍的安全和排便后的清洁（图 1-6）。

图 1-5　PETKIT 宠物烘干机

图 1-6　CATLINK 的智能猫厕所

（5）适老化发展需求强烈

适老家电是老龄化社会的一种发展趋势，在产品设计中需要兼顾新型技术应用和老年人的学习能力匹配。社会老龄化趋势下，独居老人增多，对家用电器产品的适老化需求明显，如智能健康监测设备、老年人生活辅助设备等，其有助于老年人更好更健康地生活。例如集成了多种功能的智能体检机器人，能够整合平时的健康监测需求，让老年人平时就可以了解自己的健康情况并可帮助老人进行健康档案的管理，用药提醒、社区联网和呼救功能一应俱全。

（6）适合"微型"家庭的家电受到青睐

随着现代家庭结构及生育观念的变化，家庭人口变少，对一人份、两人份等适合人数少的家庭的小分量电器的需求增多，如微型电饭锅（图1-7）、养生杯、单人洗衣机等。

图 1-7　适合单人使用的微型电饭锅

（7）教辅类、陪伴成长类家电成为发展新方向

教育需求的变化，带动了整合技能训练和教育培训功能的家电产品进入家庭。为了满足家庭成员之间情感交流、教育和陪伴需求，一些兼具教育和陪伴功能的产品纷纷走入家庭，如智能陪伴机器人、智能拼图玩具、智能学习机、错题打印机等，可以成为学习助理，满足孩子们在家中获取知识和锻炼技能的需求。

技术和社会的变化使得家电行业不断创新和发展，为人们的生活提供了多元化的选择，满足了不同群体的需求，同时，也促使企业根据消费者的需求研发，不断推陈出新。

1.2 家用电器的基本设计规范

1.2.1 家用电器的用电标准

家电设计涉及一些标准和要求，在启动产品设计之前，必须对相关要求进行了解。国际标准 IEC 60335-1《家用和类似用途的电器安全 通用要求》、IEC 60335 系列中其他具体产品的安全要求，以及国家标准 GB 4706.1—2024，要求家电产品不能在触电、火灾、机械外伤、污染环境和食品等方面威胁和损害使用者。在产品出厂检验时，必须遵从装配、结构、材料、标记等方面的相关标准，必须符合产品自身的安全性能要求（表 1-1）。

在设计时需要了解不同产品的用电安全等级，根据等级进行设计考量。

表 1-1　安全要求规范

标准名称	IEC 标准号	所对应的我国标准号
《家用和类似用途电器的安全 通用要求》	60335-1	GB 4706.1
《家用和类似用途电器的安全 电冰箱的特殊要求》	60335-2-24	GB 4706.13
《家用和类似用途电器的安全 空调器的特殊要求》	60335-2-40	GB 4706.32
《家用和类似用途电器的安全 电熨斗的特殊要求》	60335-2-3	GB 4706.2

1.2.2 家用电器的触电保护

根据常用电器的触电保护程度，我国将家电的安全级别从低到高分为 0 类、0I 类、Ⅰ类、Ⅱ类、Ⅲ类五个大类。

（1）0类

安全要求不高，电器的带电部分与外壳隔离，无接地线，基本绝缘。此类电器通过基本绝缘设计，使带电部分与使用者易接触部分及外壳隔离，无接地保护。基本绝缘一旦损坏，产品容易带电，使用者接触后容易触电。0类电器的工作环境限制在十分良好的情况，如空气干燥、木质地板等。其绝缘方式包括电动机的槽绝缘、沥青或树脂填料的使用等，以保证工作和易触电的部分绝缘，如荧光灯的镇流器。根据国家市场监督管理总局发布的规定，这类电器的安全要求不高，不需要进行强制性产品认证，但使用过程中存在潜在危险；均没有明确定义的安全保护要求，不属于CE认证范围，且在使用过程中可能存在潜在危险。因此，选择和使用这类电器，要严格遵守相关安全规定和操作要求，确保使用安全。从电器的电源插头可以简单判断，0类电器使用两芯插座供电，使用三芯插座供电的都不是0类电器。

（2）01类

应用于干燥环境不接地，应用于非干燥环境必须接地。既有工作绝缘，又有接地端子，可以灵活根据使用环境选择接地或不接地。在实际使用中，基本绝缘被破坏时，如果接上地线，安全性会提高很多，如电烙铁等。

（3）Ⅰ类

要求家用电器接地线或接零线，易接触导电部件与固定线路中已安装的接地线连接，部件基本绝缘损坏时，无触电危险。

（4）Ⅱ类

增加绝缘或加强绝缘，在基本绝缘外附加一层绝缘，无接地要求。基本绝缘损坏时，附加绝缘发挥作用。除有工作绝缘外，还有独立的保护绝缘或有效的电气隔离。此类电器安全程度高，常用于与人体皮肤接触的电器，如电推剪。

（5）Ⅲ类

安全程度最高，依靠安全隔离变压器提供特低电压（小于42V）给电器供电，适用于使用安全电压（50V以下）的各种电器。电器内部任何部位不应产生比安全的特低电压高的电压。该等级适用于直接与人体皮肤接触的电器。电源可以是直流，也可以是交流。特低电压电器应根据人体安全电流应在30mA以下的规定而设计，如电动按摩器。

家用小电器的安全等级大部分属于Ⅱ类和Ⅲ类，安全级别相对较高，在设计方面需要符合相应的标准和要求。

1.2.3　家用电器产品用电安全相关的要求

（1）绝缘技术要求

① 木材、棉、丝、普通纸和类似的材料或吸水性材料，必须经过浸渍处理才能用于绝缘。油漆、瓷漆、普通纸、棉织物、金属氧化膜及类似材料的覆盖层，都不能作为保护性绝缘层。

② 各部位绝缘能力要达到一定的安全系数，以承受由于各种原因造成的过电压。

③ 绝缘材料要有足够的耐热性，避免潜在受热危及安全。

④ 为获得良好的绝缘效果，必须为故障电流、过电压、漏电流或其他隐性危险预留足够的电气间隙和爬电距离。电气间隙指电极与易接触的导电金属部件及外壳之间，或不同电极之间的空间距离；爬电距离指两个导电零部件之间沿绝缘表面路径测得的距离，在家用电器使用中，指因为导体周围绝缘材料被电极化导致的绝缘材料带电的区域。具体要求见国家标准 GB 4706.1—2024《家用和类似用途电器的安全 第 1 部分：通用要求》。

⑤ 所有的绝缘都必须有足够的绝缘电阻。具体要求见国家标准 GB 4706.1—2024《家用和类似用途电器的安全 第 1 部分：通用要求》。

（2）结构要求

在结构上要能充分避免触电、燃烧、机械伤害等安全事故。

① 在结构上，家用电器应具有相应等级的防触电和防水设计。

② 除必要的洞孔外，家用电器的结构和外壳上不得随意开孔，避免使用者与带电部位意外接触；可拆零件的拆除也应避免触电。

③ 结构设计时，要求冷凝水和容器连接处渗出的液体与家用电器用电部件之间必须绝缘，即使胶管破裂或密封破坏，绝缘也不能受影响。

④ 结构中不能使用硝基纤维素类易燃材料。

⑤ 能根据不同电压进行调节的家电，调节的位置不能意外变动。比如同时适应欧标和国标的家电，转换不同标准时调节位置只有两个明确的挡位。

⑥ 控制装置的整定位置不允许发生意外变动。

⑦ 除Ⅲ类电器，其他手持式家电的手柄，以及操作杆和旋钮等，即使绝缘损坏也不应引起触电。

⑧ 绝缘失效，操作者的手不允许与带电的金属部件接触。

⑨ 若有电热丝，当电热丝通电变形时，使用者易接触的金属部件绝不能带电。

（3）温升要求

温升是指家电工作时比环境温度（规定以40℃为基准）高出的度数。家电保持高温既会破坏电器的绝缘环境，还会带来其他影响安全的问题。家电的各个部件都有极限温升，除受部件本身特性影响以外，同时受结构设计和造型设计影响。可以通过优良设计改善温升，杜绝温升带来的危害。不同部件的温升极限不同，电动机的温升取决于电动机运行中的发热情况和散热情况，可以根据温升判断电动机散热是否正常。具体产品、具体部件的温升极限见相关电气标准。设计师在进行设计时，需要与电气工程师协作，通过设计改善小家电的散热状况，避免极限温升带来的危害。

（4）输入功率和电流要求

产品设计之初已经确定了输入功率和电流，但实际中由于生产工艺的需要，产品的不同部件一般由不同的企业提供，家用电器的实际功率和电流与额定值往往会有差异。实际功率和电流偏大的，影响使用安全；偏小的，又会限制电器的性能发挥。因此，允许输入功率和电流的允许偏差存在。具体的偏差要求见相关标准。

（5）耐压要求

当实际使用过程中出现一定范围内的过电压时，电器也能保证安全绝缘，这是家用电器相关的电气要求，可对照相关的标准确定。

（6）标识要求

家用电器标识是家用电器上常规的使使用者正确安全使用电器的提示性文字或视觉表现。在完整的产品设计过程中，这一部分也应该包含其中。拆机过程中，应先读懂这些标识，才能对比和理解不同品牌、不同型号的产品之间的差异，在对产品进行研究时才不会犯常识性错误。以下为常见的标识要求。

① 家用电器的铭牌上应该有如下信息，如图 1-8 所示的迷你破壁豆浆机铭牌信息所示。

图 1-8　迷你破壁豆浆机铭牌信息

a. 家用电器型号和名称；

b. 家用电器额定电压或额定电压范围，也是耐压要求；

c. 家用电器的电源种类及符号，可以识别家用电器的电源标准；

d. 家用电器的额定频率（直流电器无）；

e. 家用电器的额定输入功率；

f. 家用电器的额定工作时间或额定间歇时间（单位为 h，min，s），可以避免使用时超越温升极限从而给家用电器带来损害；

g. 家用电器防触电类结构符号；

h. 家用电器外壳防护等级（需要时标注）；

i. 家用电器制造企业名称及商标；

j. 家用电器产品批量号或出厂年月；

k. 对耐热有要求的家用电器，如通过不同耐热等级绝缘材料绝缘的电动机，标明绕组级别以及温升极限。

② 家用电器用字母"N"表示中性线专用的接线柱，用符号"↓"表示接地。

③ 家用电器的固定式电容调节装置和开关的不同位置，应使用数字、字母或其

他直观的标志表示。

④ 如果用数字表示不同位置，则断开（off）位置必须用"0"表示。数字"0"不能用作任何其他标志使用。

⑤ 常规情况以"＋"和"－"符号表示被调特性数值的增减或用视觉上粗细渐变的线条来表示调节特性。

⑥ 启动后会引起危险的开关，除非明显没必要的，必须标识或明显指出其所控制的部件。应采用通俗易懂的标识来表达，避免专业性术语或符号。

⑦ 标识务必设置在易于观察的地方，且应该经久耐用、清晰明了。如图 1-9 所示的破壁机电源安全标识就贴在电源接口附近，只要插线就会看到，起警示作用。图 1-10 所示空气炸锅的文字和图符标识十分清晰明了。

图 1-9 破壁机电源安全标识

图 1-10 空气炸锅的文字和图符标识

1.2.4　家用电器的噪声

噪声是物理学中声学的学术用语，与"乐音"相对。其指由物体不规则的振动而产生的声音，即音高和音强变化混乱、听起来不和谐的声音。如关门声、大风声、金属划过玻璃产生的声音等急剧的无规律的声音都是噪声。而乐音指由物体有规律地振动，有一定频率、听起来比较和谐悦耳、有规律变化的声音。如弹奏各种乐器发出的和谐声音。

（1）家用电器噪声的来源

家用电器的噪声是影响用户正面体验的一个重要因素，也是产品创新、改良设计的一个重要出发点。家用电器噪声的来源很多，主要包括机械噪声、空气动力噪声、电磁噪声、液体流动噪声。

① 机械噪声：机械噪声主要产生于固体的振动。家用电器噪声多产生于零部件中金属板、齿轮、轴承、金属管等在撞击、摩擦或交变应力时引起的振动。例如洗衣机、榨汁机、绞肉机的噪声。

② 空气动力噪声：空气动力噪声是由气体振动产生的，气体压力发生突变引起扰动或者形成涡流就产生了噪声。如电风扇的启动，噪声的大小与扇叶的片数、形状、材料的坚硬程度以及转速有关。

③ 电磁噪声：电磁噪声是在电机的气隙中由交变磁场作用引起铁芯振动而产生的噪声。如镇流器的声音、洗衣机的"嗡嗡"声。

④ 液体流动噪声：机器内部的液体在流动过程中因液体与管壁的摩擦、液体本身的冲击等产生振动而引起的噪声。例如，电冰箱里制冷剂在管内流动时发出的声音。

（2）降低噪声的方法

噪声对人们的生活造成干扰，不利于使用者的身体健康。降低噪声主要从两个方面考虑：首先从声源上治理，减少或减轻振源的振动；其次采取隔绝措施和吸声措施，防止或者抑制噪声传播。

① 从声源上治理，尽可能减少家用电器各部件间的撞击和摩擦。

a. 通过弹簧悬挂、支撑等方式减少发声部件振动；

b. 调整好电器转动部分的动平衡，由此减少转动噪声，如电机转子、风扇叶片等；

c. 尽可能选用噪声较小的滑动轴承；

d. 除了选择质量好的轴承，使用纯净的润滑剂，减少金属间摩擦与撞击产生的振动外，在装配过程中应注意清洁，避免杂质进入部件的接合处和轴承内，避免异物在机器内引起机器异常振动；

e. 尽量提高机械加工件的精度，避免加工件之间配合不佳引起的振动；

f. 尽量避免由于结构设计原因而产生的共振；

g. 具有扇叶的家用电器，应当合理设计叶片的数量、形状、扭曲度等，保证风路畅通，以减少空气动力噪声。

② 传播途径上的治理。

a. 防止噪声传出，将发声体封闭起来，通过隔音设计，使振动噪声不易传出；

b. 通过使用减振材料和部件，在振动部件周围装置隔振物（常用隔振物有弹簧、毛毡等），避免振动传到其他部位；

　　c. 在振动发声的辐射体上涂覆阻尼材料，由此增加声能的损耗，从而降噪（阻尼材料：将振动声能转变为热能能力较强的材料。常用的阻尼材料有沥青、软橡胶等）；

　　d. 在适当部位使用吸声材料（吸声材料：能够将入射的声能转化为可吸收的热能的材料。常用的吸声材料有松软和多孔的泡沫塑料、木丝、玻璃棉、板毛毡）；

　　e. 通过使用消声器，在声音的传播途径中减弱和损耗声音能量（消声器：气流通道上允许气流通过但阻止声音传播，用来降低空气动力噪声的装置）。

　　声源处理是阻止声音传播并降噪的根本途径，采用其他辅助设备或材料来阻止声音的传播是降噪的有效措施。

1.3　小家电产品

　　小家电既具有家用电器的特征和发展趋势，也有其自身的特点。小家电产品一方面追求现代感、品质、性价比、健康；另一方面更倾向于功能横向多样化和纵向精细化拓展，整合型多功能产品与单一功能产品并存。控制方式偏好上，触屏控制 >App 控制 > 按键控制。同时，由于销售渠道的变化、电商行业的发展，小家电产品单价低、体积小，无需安装，易于社交电商以及直播在线上展示产品。适于线上零售和品牌展示是小家电设计中极其重要的因素。契合线上销售展示需求，线下重点开发优质的用户体验，是小家电设计的重点。

　　如图 1-11 所示的 Magicmix 多功能料理机，属于厨房料理小家电，整合功能强大，一机多用，可实现空间高效利用，避免了以往很多单一功能厨房小家电利用率有限、不能有效利用厨房空间的缺陷。同类产品如美膳品的料理机"小美"仅占用 A4 纸大小的桌面，整合了包括称重、混合、切碎、研磨、揉面、发酵、蒸煮、搅打、加热、打发、烹饪教学等十种以上的功能。

　　区别于家用电动工具以功能主导的"硬核"特征，小家电产品具有"软"的一面，既要求小家电的功能"抗打"，还要颜值至上。小家电产品作为料理生活的助手，涉及生活的方方面面，在家居环境中还需要契合不同的家居空间，以提升人们的生活质量。

图 1-11　Magicmix 多功能料理机

小家电在日常生活中触手可及，原理、结构相对简单。小家电产品结构相对简单而又并非绝对简单，一件小家电产品不但具有相应的结构、工作原理，也涉及人体工程学。用户对于小家电产品的功能要求明确而清晰，在小家电产品研究过程中也能够很容易获得用户的第一手资料，易于观察和分析，也适合作为产品设计基础课程的目标。在产品创新设计课程中，以小家电产品的研究展开设计，流程明确，目标清晰，设计的程序和方法容易掌握。同时，通过小家电产品的日常工作场景，容易获得一手研究资料，方便设计的前期准备。

小家电体积小、易于数字化营销、有利于网络展示等特征使其更适于网络销售。

图 1-12　正负零极吸尘器

1.3.1 小家电产品的分类及特征

按照网络上人们对小家电的分类,可以将其分为厨房小家电、家居小家电、个人生活小家电、健康健身保健小家电、个人数码小家电、宠物小家电、儿童技能训练小家电。小家电设计主要考量四个方面的问题,包括功能目标、安全问题、人机工程及交互问题和用户体验问题。

(1)厨房小家电

厨房小家电,以厨房为主要的使用场景,是对食物进行清洁及处理加工的小型电器产品。如酸奶机、煮蛋器、电热饭盒、厨师机、破壁机、豆浆机、电热水壶、电压力煲、豆芽机、电磁炉、空气炸锅、电饭煲、电饼铛、烤饼机、消毒碗柜、榨汁机、电火锅、微波炉、多功能食品加工机、电动切菜机、保温加热板、面包机、酸奶机等。厨房小家电体积小,容易通过平台或营销号进行销售,易于在受众中推广,能够通过各种不同的网络平台进行展示,可通过流量获得营销的成功。比如摩飞(图1-13)、小熊、北鼎(图1-14)这些品牌,凭借一个单品获得消费者认可,之后深耕用户需求和体验,从"专、精、特"角度精细化小家电产品。

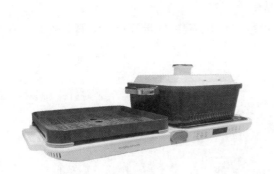 

图1-13　摩飞折叠多功能锅　　　　　图1-14　北鼎电蒸锅

厨房小家电的特征:厨房小家电涉及的家用电器类别包括电动、电磁、电热、制冷、电光。一般情况下,小家电选用Ⅰ类、Ⅱ类或Ⅲ类电器的安全设计标准比较安全。厨房小家电外壳防护级别要达到Ⅲ类电器的安全设计要求,尤其是手持且皮肤会接触的电器产品。因为厨房小家电有可能同时接触水电,在接电部件的防水上需要做重点考量。电动类厨房小家电需要考虑噪声和振动问题,电磁类厨房小家电要考虑电磁辐射问题。除安全问题外，手持类厨房小家电需要重点研究产品的人机工程学问题以及用户体验问题。

（2）家居小家电

家居小家电是为家居生活增加舒适度、提升生活品质、增进生活乐趣、改善空气质量、进行水质处理、助力家务劳动、降低家务劳动的繁重程度、具有家庭安全防护功能的各种小家电。例如电风扇、音响、吸尘器、家用蒸汽清洁机、电暖器、加湿器、空气清新器、饮水机、净水器、电动晾衣机、扫地机器人、扫拖地机（图1-15）、家用投影仪、电动缝纫机，以及电子门铃、电子摄像头、指纹锁等。

图 1-15　扫拖地一体机

家居小家电涉及电动、电磁、电热、制冷、电光等类别，一般居室条件下，选用Ⅰ类、Ⅱ类或Ⅲ类电器安全设计标准相对安全；部分产品在使用过程中需要水、电共存，通电部件的防水、防触电设计需谨慎，用电安全一般按照Ⅲ类电器的绝缘要求来进行设计。

（3）个人生活小家电

个人生活小家电是助力改善个人生活品质的各种小家电产品，包括与个人外表整理、美容健康有关的个人护理产品，也包括对个人衣物进行处理的各种家电产品。例如电吹风、电动剃须刀、电推剪、电熨斗、毛球切割机、挂烫机、烘鞋机、电动牙刷、电子美容仪、电动洗脸仪、冲牙器等。

个人生活小家电与人体密切接触，手持的居多，涉及电动、电磁、电热、制冷、电光等类别，选用Ⅰ类、Ⅱ类或Ⅲ类电器绝缘标准进行设计。有的小家电产品在使用过程中需要水、电共存，需要注意通电部件的防水、防触电设计。同时，人机工程学、用户体验应该作为重点考量因素。

（4）健康健身保健小家电

健康健身保健小家电指在家居环境中进行急慢性病的辅助治疗或进行慢性病监测的家用电子产品，以及小型健身、减肥、塑形、增肌电子产品。从产品的范畴来说，该类产品属于个人生活小家电。因为时代变迁、人们生活习惯的改变，人们更注重在居家环境中对健康的监测和调理，也注重在居家环境中对身体的管理和训练。随着人们对健康和健身的日益关注，这类产品创新潜力大，适合新概念产品的开发设计，所以单独作为一个类别。例如血压计、洗鼻器、电艾灸、电动按摩器（图1-16）、电泡脚桶、家用雾化机、足底按摩器、音频电疗器、筋膜枪、动感单车、减肥甩脂机、减肥美容器、摇摆机等。这类小家电涉及电动、电热、电磁、电光等类别。涉水电器要看与人接触的程度，设计时需要符合Ⅰ类、Ⅱ类或Ⅲ类电器绝缘标准。

（5）个人数码小家电

个人数码小家电指能够凭借数字和编码进行操作，可以与电脑连接，方便个人随身携带和使用，具有明确的娱乐、学习或增加生活情趣功能的小型家用电器。例如MP3、MP4、电子词典、掌上学习机、游戏机、数码相机、数码摄像机、录音笔、电子书、智能手环（表）等。

（6）宠物小家电

近年来，宠物饲养日趋成为很多家庭的选择，如年轻一代不少人喜欢养宠物猫，认为猫更干净，"撸猫"可以释放压力，由此带来居家生活中宠物小家电的兴盛。以宠物生活料理为目的的小家电产品有智能猫砂盆、智能宠物喂食机（图1-17）、宠物电推剪、动物烘干机、动物电吹风、智能宠物吹水机等。

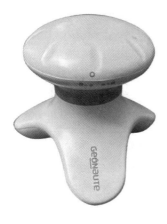
图1-16　电动按摩器

图1-17　PETKIT 智能宠物喂食机

家电市场出现了很多生产宠物专用产品的品牌，比如糖派、FURBULOUS 的猫砂盘，奥克斯、康佳的宠物电推剪。宠物小家电的设计，因为购买者和使用者不一致，既需要考虑宠物的特征和习性，又要考虑购买者的喜好以及居家环境。万变不离其宗，应分析宠物的特征和需求，来规划产品的概念。

（7）儿童技能训练小家电

这个领域是近年来新的发展趋势，单列一类。儿童技能训练小家电是随着教育部对学生生存技能训练的要求而产生的新的家电品类，相对于成人家用电器产品来说，体形更"迷你"，适合小学生操作使用，是能通电进行高度仿真，或能够真实操作的小家电产品。如儿童烹饪电磁炉、烤箱等。

1.3.2　小家电产品的发展趋势

小家电产品呈多维度发展，涵盖了技术创新、消费者行为、环境可持续性、营销策略等多个方面。以下是一些关键的发展趋势。

（1）智能化与互联网集成

小家电正逐渐融入智能家居生态系统，与智能手机、语音助手等设备实现互联。通过应用程序控制和远程操作，增加了用户操控的便利性和定制化水平。通过智能互联，提升了产品的用户体验，通过优化设计，使得产品使用起来更舒适、更便捷。

（2）环境可持续性

随着人们环保意识的提升，越来越多的小家电采用可再生材料和节能技术。小家电设计上注重降低能源消耗，减少碳排放。

（3）紧凑与多功能性

城市居住空间有限，小型产品通过设计集成多种功能，能够满足家庭对于多种小型家电的需求，又能够减少储存收纳需求，符合现代家居空间规划的需求。

（4）用户体验与个性化

将用户体验作为设计的重点，以良好的用户体验优化产品的操作，致力于产品直观易用。满足用户的个性化需求，同时用户可以进行符合自己操作习惯和需求的定制化选择。

（5）健康与安全性

人们日趋注重健康和安全。如产品采用无毒材料，设置小家电智能化监测、预警自动停机功能；产品使用过程中能够智能监测健康参数，如空气质量、水质等。

（6）符合现代家居环境、风格的要求

小家电在风格上讲究与室内设计风格相协调，成为家居装饰的一部分，同时在色彩、材料和形状上又需要新颖和符合时代的眼光。例如奶油风、透明材质等潮流风格在小家电上的应用与时代同频。

（7）通过智能化技术增强互动性

用户能通过人工智能技术获得个性化的建议和服务，并且通过触摸屏、语音控制等技术增强用户与产品的互动，满足个性化以及多样化需求。

综上所述，小家电的未来发展将集中在创新技术、环保材料、用户体验和设计美学的综合提升上，以满足现代消费者的需求和期望。

1.3.3 小家电产品的设计创新困境

本地化设计和全球化分销策略并行。小家电面临更广泛的市场和文化的多样性的需求。同时，小家电本身有明确的使用空间，功能相对简单。用户对产品往往有非常明确的功能目标，产品原理也相对简单。

（1）创新突破难

很多产品经过几十年的发展，技术和功能都非常成熟，突破和创新非常困难。如电吹风技术，除了增值附加功能，挖掘特殊使用空间，降低噪声，满足个性化的需求，重新定位细分市场而进行产品改良设计外，设计工作一直没有太大的突破，直至戴森将涡流无叶风扇的原理应用于电吹风，产品的形、色、质才产生革新性的变化。戴森投入了大量的精力进行"气流"的研发，对风的形成方式进行了大量的研究和技术探讨，在以涡流改变空气流动的技术支持下，诞生了无叶风扇，并且通过风扇将技术延伸到其他产品上，突破了这些小家电的传统形式，催生了令人耳目一新的产品，使企业成为以技术推动创新的明星企业。

（2）产品设计与技术潮流相结合

随着新技术的层出不穷，产品的发展变化体现在主要新兴技术潮流与家用电器产品相结合，互联网、物联网、智能化相结合成为创新的主流形式。然而，因为用户对产品的功能要求非常明确，花哨的技术突破又会增加产品的成本，而用户体验没有太大的提升，结合新技术的产品在市面上往往曲高和寡。

（3）消费者变得更加理性

由于互联网的普及，各种产品的知识通过网络渠道很容易获得，消费者可以通过互联网查看购买和使用反馈，考察产品的功能和品质是否符合自己的需求，进行理性的消费决策。

在国际家电企业中有两家企业创新特色明显，创新的出发点和风格迥然不同，就是戴森和巴慕达。戴森善于从技术上突破小家电设计的局限，其源源不断地推出了很多新颖的小家电产品和数码信息类产品。创新投入多，由创新带来的收益也更多。与戴森的创新模式不一样，日本的小家电企业巴慕达代表着小家电设计的另一个创新方向。其以极客的经验和需求来挖掘产品的极致用户体验，注重产品使用的情境，突破原有小家电产品设计的天花板，践行为消费者打造更好的体验和品质理念，在商品开发过程中，90%的时间和资金都消耗在为获得极致体验所做的各种实验中。

第 2 章　　动动手理解小家电产品

2.1　对产品的理解　　　　　　25
2.2　小家电产品的拆解　　　　31
2.3　产品拆解过程记录　　　　41
2.4　拆解后产品的二维理解　　44
2.5　产品的三维理解　　　　　51
2.6　设计任务解读　　　　　　53

产品设计需要形成产品设计概念，将构想变成具体的设计内容。具体到设计流程中，在确定设计任务后，探索产品的功能结构，确定产品工作原理并将功能、工作原理、结构三者结合，发现解决途径，得出求解方案。

功能是产品的基石，工作原理和结构围绕着产品功能展开，是产品的技术性基础。在进行全新产品的设计开发时，首先要明确产品的功能，尤其是功能性很强的产品；工作原理和结构特性对于功能有决定性的作用，必须在掌握工作原理和结构的基础上展开设计。

2.1 对产品的理解

产品的功能、工作原理、结构对于产品创新设计至关重要，缺一不可。产品设计时，分析产品的功能需求及工作原理并规划产品结构，通过功能分析形成产品运行的原理框架，打造产品的结构，完成内部架构，结合用户体验，实现产品设计构想。

Gero提出的"功能（Function，F）— 行为（Behavior，B）— 结构（Structure，S）"，即FBS方法，是一种先提出需求，再实现需求的原理方案的求解，从而获得可行性方案的产品创新设计方法。解决问题的方案创新层级越高，对知识的深度和广度要求越高。如图2-1所示。

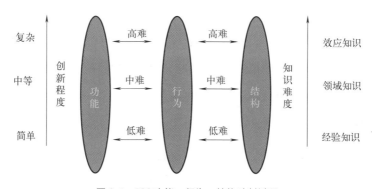

图2-1　FBS功能、行为、结构映射过程

FBS创新设计流程根据以下逻辑进行：首先，确定设计需求对应的产品功能，并且将目标功能转换为可实现该功能的机器预估行为和人的行为；其次，将预估行为转化为实现该行为的机械、能变转换等原理，由结构推导出实际行为，然后对比

预估行为和实际行为，评估结构方案是否可行；最后，确定物理结构和形态，结构如果可行，就形成设计概念，否则按照之前的逻辑重新对功能、行为、结构进行探索。由此将设计概念从图纸转化成可实现的物理产品，设计人员就可以将设计目标转化为具体的设计概念，并致力于设计概念的实现。功能即产品的设计目的，结构则是如何实现这些功能的物理载体，而行为联结了设计中的功能和结构，成为两者之间的推理桥梁。

1998年，Rosenman和Gero再次对这个模型进行了解释，他们认为设计是一个过程，在这个过程中设计人员将用户的目的通过机构转变为人工制品，从而实现功能。经验知识，即早期设计人员调研收集的知识。产品创新程度随着对功能、行为理解深度的增加和知识难度的提升有质的变化。通过逻辑推理和分析，对结构、功能、工作原理的理解和变革对产品创新的深度有决定性的意义，掌握这三个内容的知识，产品创新设计就成为可执行的理性求解过程，而不是纯粹的感性演绎。

产品本身的功能、工作原理、结构以及用户的行为构成了产品设计程序的逻辑基础，也是本书主要探讨的问题。

2.1.1 产品的功能

产品的功能泛指产品的功能、效能和用途，是产品存在的意义，通俗来说就是指产品所能执行的任务和完成的工作，即产品存在的目的。一款产品具有相应的功能以满足用户的需求，才能实现其价值。产品必须拥有好的功能才会有持久的生命力，才能创造价值。通过产品的功能分析，能够厘清产品内部脉络，第4章中将讲述相关的内容。如图2-2所示为KENWOOD手持电动搅拌机。

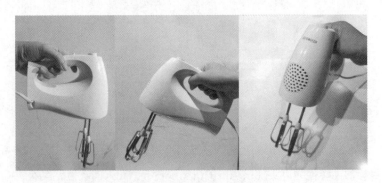

图 2-2　KENWOOD 手持电动搅拌机

试试看，从用户对这款搅拌机的需求出发，分析其有多少种功能。

例如通过分析用户对手持搅拌机的需求，手持搅拌机一般要有以下功能（或要求）：搅拌让蛋白质起泡；搅拌使物质混合均匀；安全；能够处理不同的食材；搅拌过程能够立置；清洗方便；容易收纳；搅拌头安装切换方便、牢固；使用过程保持卫生和环境整洁；轻便。

2.1.2 产品的结构

产品结构设计属于工程设计类别，即针对产品内部结构、机械部分的设计，结构是实现产品功能的技术基础。如图 2-3 所示为筋膜枪的结构。在进行设计时，可以根据产品特征考虑相关的结构，选择结构优先、形态优先或结构和形态并行的设计决策。设计产品时，前期可以通过拆解具有类似功能的产品理解产品的结构特征和其他原则性的要求，模拟实现功能所需具备的结构条件，从而规划产品的创新设计。

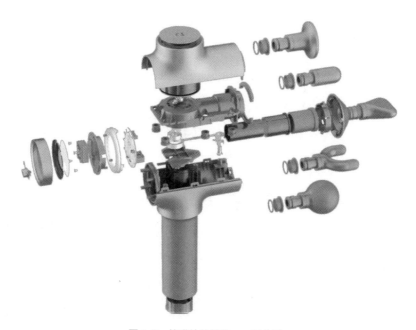

图 2-3 筋膜枪的结构——爆炸图

结构设计需要通过了解产品的功能、用户及使用场景，明确各功能的执行要求，以及由此形成的机器运行逻辑。比如扫地机器人的结构设计，需要考虑到机器人扫地的工作流程、工作方式、工作环境、工作中可能承受的机械压力和稳定性，以确保机器人的运行精度；当然也需要理解扫地机器人与用户之间的信息交互。所以，结构设计不仅仅是设计外观，更是从内核上支持产品所具有的功能和性能。

结构设计不但承载产品的性能、功能、受力等问题，而且对于产品的生产也有关键作用，好的结构设计能够减小产品的制造难度，提升生产效率，降低制造成本。理解产品的结构设计能够优化产品设计的效益。

在产品设计过程中，根据产品的特征，有时候结构先行，有时候形态先行，有时候两者协同进行。例如手持电动搅拌机的设计中，机器的安全和稳定至关重要，但使用后的清洁和收纳以及使用过程中的卫生问题对搅拌机来说具有重要的意义，在设计中需要结构设计和形态设计同时进行，并以平衡了功能、性能和形式要求以及用户体验的最佳方案作为产品的最终设计方案。对于功能成熟的产品，拆解同类产品、理解其结构是产品设计的基础。产品的内在结构和外观形态相辅相成，是产品设计不得不考虑的关键因素。在强调功能性的产品中，结构要优先形态进行考虑，如工程类产品、机械设备等。而以居家生活为主要场景的消费品的设计中，形态设计往往是吸引用户的第一要素，用户在购买这类产品时更注重外观的美感和个性化，产品的形态更重要，是左右用户选择的优先决定因素，尤其在当前流量及线上销售对消费者影响越来越大的情况下，好的产品的形态能够为品牌和企业带来可观的效益。如摩飞多功能锅的时尚形态，结合多种功能，成功"引爆"了摩飞系列产品，使得摩飞成为时尚家电的领头羊。摩飞以厨房电器为主轴，围绕时尚家居电器主题发展了诸多产品，包括13个品类的厨房电器、8个品类的其他生活小家电。如图2-4所示为风靡于年轻一代的摩飞多功能锅。

图2-4 摩飞多功能锅

2.1.3　产品的工作原理

产品的工作原理是指能够保证产品正常运行的基本原理和机制。任何产品的工作原理都离不开能量转换或传递。对于产品设计来说，理解工作原理，即是对包括产品运转方式、能量转换或传递的方式，以及产品信号的光、声进行解读。从以下分类可以了解常见家用电器产品的工作原理。

（1）电子相关产品

电子相关产品基于电子技术实现功能，如智能音箱（图 2-5）、家用投影仪等。工作原理涉及由电子元器件组成的电路的信号的传输与处理，通过电信号转化来实现各种功能。

（2）机械相关产品

机械相关产品通过机械运动来实现各种功能，如理发器、搅拌机、厨师机、洁面仪等。工作原理涉及力学和能量转换，例如图 2-6 所示厨师机通过电机驱动搅拌头实现和面、打发等功能，还能通过扩展配件实现面片加工和面条切割等功能。洁面仪通过将电能转换为机械能，产生振动从而达到洁面按摩的效果。

图 2-5　harman kardon 音箱

图 2-6　君焙厨师机

（3）光学相关产品

光学相关产品的工作原理与光的传播和反射相关，既包括传统的光学产品，也包括光控产品。例如激光投影仪，利用了光学元件以及激光投影显示技术的共同作用。激光通过光学元件和芯片处理扩束后，投射到幕布上，从而显示出影像。光控产品是通过光敏电阻感应光强变化来控制产品的。例如感应控制的智能窗帘，在光强大时电阻小，电源接通，打开开关，光强小的时候电阻变大，电流变小，开关切断，从而实现自动开启和关闭窗帘，实现光控。

（4）电磁产品

指通过电磁效应实现能量转换产品。如电磁炉，通过交变电流在线圈中方向的改变产生磁场，磁场作用于放在电磁炉面板上的金属锅体产生涡流，涡流通过焦耳热效应使锅体升温实现加热。

（5）超声波产品

指通过声能转换成机械振动来实现功能的产品。如图2-7所示超声波清洗机，通过超声波发生器将电能转换为高频电能，通过超声波转换器将高频电能转换为超声波，超声波产生机械振动，清洗容器内的液体受到机械振动的影响产生微气泡，而微气泡在振动中不断破裂和持续生成，形成空化作用，将物体表面污垢清除，从而完成清洁任务。

图2-7 超声波清洗机

（6）声学相关产品

声学产品的工作原理与声音的产生、传播、放大、转换、录制、播放有关，还与降噪相关。常见的产品有将声音转换成电信号的麦克风、各种电乐器，将电信号转换为声音的音箱、耳机，记录和播放声音的录音机、音响系统等。

（7）生物相关产品

生物相关产品的工作原理与生物体的结构和功能相关。例如保健和健康监测护理产品，与人机工程学有很大的关系。如图2-8所示肩颈按摩仪，根据人的肩颈生理特征和生理结构以及医学、康复学理论进行设计，最终将电能转换为机械能，依靠振动、按压来实现按摩功能。

图 2-8　奥佳华石墨烯肩颈按摩仪

（8）化学相关产品

化学相关产品通过化学反应和转化实现功能，工作原理涉及化学物质的变化和反应。例如酸奶机通过恒温发酵的方法来制作酸奶，其过程属于化学过程。酸奶机的作用主要是保证化学反应过程中温度的恒定，所以设计中恒定温度的实现就成为酸奶机设计的重点，加热和恒温就是对酸奶机的基本要求。再如血糖仪，基于电化学技术，由测试条和电子仪器两部分组成。测试条接触血液，血液中的葡萄糖和试条上的化学物质发生反应，引起测试条表面的电子变化，通过电子设备捕捉测试条上的电流、电压变化并转化为数值呈现，由此获得糖尿病患者的血糖指标，以指导糖尿病患者的饮食、用药、运动。

当然，还有很多通过其他能量转换方式实现功能的产品，也有一些产品可能涉及多种工作原理，在进行分析的时候需要根据具体功能具体分析。

2.2　小家电产品的拆解

通过拆解小家电产品，可以分析掌握相关产品的工作原理和结构，解读功能和相关工艺，厘清产品的分型方式，规划产品设计的新方向。拆解后，可将对产品的理解以信息图的方式呈现。

设计兼具感性和理性的特征，设计师需要通过用户调研挖掘用户需求，并且将用户的感性和理性需求转化成具体的设计概念，并通过充分的技术调研推动不同的技术人员在产品中实现这些需求。设计教学，既要充分鼓励感性思维，也要通过理性的分析和认知，防止过度感性导致设计脱离合理的技术基础，还要避免忽视用户的感性需求而影响产品的用户体验。合理的产品是通过产品的工作原理和结构赋予产品功能的。在有限的条件下，可以通过同类产品的拆解来解读产品的技术和工作原理。

入门产品设计时，可以选择结构和工作原理相对简单且易于理解、复杂程度适当、价格相对便宜的小家电作为设计主题，使初学者能够通过动手拆解亲身体验其功能，获取相关的信息。以小家电为设计主题，无论是技术、CMF、形态还是用户体验，都应当建立在合理的工作原理、结构、功能基础上。通过拆解和对产品的理解，掌握产品的结构、工作原理、功能的实现途径，并进行创新。

新产品的设计开发本质上也是基于对产品的理解。从简单的产品入手，掌握简单产品的设计方法，才能够在各种产品的开发中得心应手。拆解产品是理性认识设计对象的起点，其中如何拆解、如何记录、如何理解、如何呈现等是这一章的重点。我们先来看看如何动手拆解产品，迈出理解产品的第一步。

企业生产过程中，小家电的组装流程可以分为预装、总装（组装）、检测、打包等几个环节。本书中的拆解大部分只涉及组装环节的部件，是对总装环节的逆向操作。

① 预装。就是预先把最小单位的零件组装成组件，以便于后期的总装，这个环节有的是在零件供应商处完成，有的需要在组装厂完成。

② 总装。是将零件和部件组装成产品。对于组装厂来说，预装集成的零件越多，部件的集成程度越高，外部采购的集成部件整合度越高，仓储和管理流程就越简单。组装厂更喜欢减少物料种类，把部分组装工作外包，供应商送来预装好的各种部件，再由组装厂组装成完整的产品。

③ 检测。产品组装好以后进行产品功能和安全等方面的检测；如果是电动产品，还需要进行产品的动平衡测试。

④ 组装好后打包下线，出厂。

我们以绞肉机的组装来介绍流程。绞肉机的电机作为一个部件采购，但是电机往往和其他一些附件连接在一起，电机厂把全部电机组件送到组装厂；注塑厂把塑料件（有的小塑料零件在注塑厂就会完成螺纹连接之类的预装）送到组装厂；电控厂把印制电路板（PCB）、开关和线束等送到组装厂；组装厂根据产能和效率组织好人员，排好线体，完成组装、测试和打包。

当然，与企业实际生产不同，本书拆解产品目的只是对产品的工作原理、功能进行解读，所以拆解没有那么复杂和那么多流程，拆解的程度也仅到功能组件，并不是所有的零部件都需要拆。

小家电产品按照是否具有电机，可以分为带电机的电动类别和不带电机的非电动类别。不带电机的产品（如电热水壶）相对于带电机的产品（如电动绞肉机）要简单很多。

产品电动与否，其内部结构是不同的。常见的产品外壳和部件的组装工艺包括螺纹连接、卡扣结构、双面胶粘、点胶、焊接等。拿到一个产品，先观察产品外观，在了解产品的组装工艺的基础上开始动手拆解，才能保证产品的完整性和拆解后的部件复原，而不是破坏性地拆解产品。拆解的具体流程如图2-9所示。

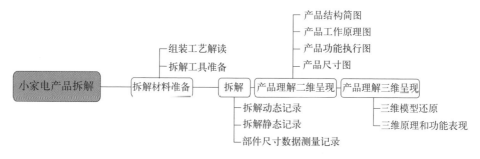

图2-9 小家电产品拆解流程

2.2.1 小家电产品的组装工艺

从产品外观可观察到组装的难易程度。下面逐一对常见的小家电产品的组装工艺进行介绍。

（1）螺纹连接方式

螺纹连接是产品中最常见的连接方式，是通过螺钉将不同功能的部件组装在一起，常见于产品的外壳连接和内部部件的固定。从外观上观察组装方式，螺纹连接可以分为两种：敞开式和隐蔽式。敞开式是外观有可见沉孔，螺纹多设计在这样的位置上。隐蔽式比较注重外部的整体性和美观性，在设计的时候多会增加遮蔽设计，以遮盖螺孔，在拆解时需要将遮盖部分打开；或者通过增加沉孔深度来避人的直视，保持外部的美观。沉孔连接的产品可以直接拆装。图2-10所示的电吹风，圈内所示为螺纹沉孔，将螺钉拆卸后电吹风就能拆分成不同的零部件。

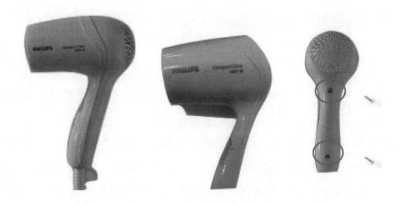

图 2-10　飞利浦电吹风螺纹连接

（2）卡扣连接方式

卡扣连接方式是产品零部件快捷的装配方式，可以实现高效可靠的紧固连接，扣位装配过程简单，一般只需要一个插入动作，无需其他动作。通过机械结构的精巧设计，两个不同部件可以通过部件对应位置的凹凸结构进行组装。该组装方式可以保证部件外部美观。如果外观上无法判断不同部件的组装方式，可以尝试着在缝隙里插入薄片，慢慢用力撬动薄片，随着缝隙增大观察锁紧方式，找到卡扣施力打开。如图 2-11 所示的搅拌棒主体塑料壳的连接方式，在两个半个塑料壳上各有卡扣结构。

图 2-11　卡扣连接方式可借助薄片从缝隙撬开卡扣

卡扣结构的拆卸和安装的缺陷主要在于卡扣动作施加过多，易产生断裂，导致部件损坏、报废，其一般用于不常拆卸部件的连接。而且卡扣设计需要经验，合适的结构配合才可以完美地将两个部件连接在一起。如图 2-12 所示空气炸锅主体的塑料外壳采用卡扣结构连接两个部件。

图 2-12　空气炸锅顶部卡扣结构

（3）点胶工艺

点胶工艺是常见于外形小巧、精美的产品及产品内部零件连接的组装工艺。曲面的连接多用点胶工艺，胶水不注满间隙。如果结合的两个部分是能够展开的平面，还是用双面胶粘比较方便。点胶工艺连接的部件，缝隙小，产品外观整体性强。根据固定、组装、封装等的要求并考虑降低成本，一般需要采用自动点胶设备在连接部位注入胶水，以将不同部件连接在一起，如图 2-13 所示为点胶专用设备。无论哪一种胶水，都可以通过加热方式软化已经固化的胶水，胶水软化后在连接的部件施加外力即可打开。但采用点胶工艺组装的产品，在拆卸后，如果没有专业的点胶机器，很难使用胶水粘接复原，除非技术娴熟，否则拆了也就损坏了。

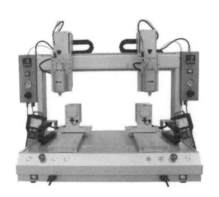

图 2-13　英航舟 PUR 点胶专用设备（来源：品牌官网）

（4）双面胶粘

双面胶粘本质上和点胶是一样的，通过非液状粘胶的黏性使部件和部件粘连。双面胶粘优于点胶工艺，不需要专业点胶机就可以完成组装，而且可以用新的双面胶来重新黏合拆开的部件。因此，相对于点胶工艺连接的产品来说，双面胶粘的产品拆解后相对容易复原。拆解时用电吹风加热接口处，改变双面胶的黏性，借助薄垫片撑开缝隙，通过吸盘的吸力分开两个黏合的部件或施加外力分开两个部件。双面胶粘的产品对外观要求较高，外形精致小巧。可以从手机壳拆解和重装了解其流程：①先用热风枪或电吹风加热使原来的粘胶变软；②使用薄片沿着分型线小心撬开部件，可见内部结构；③复原时将分型线周围残留的粘胶清理干净；④打上粘胶，施加适当的外力使组件密合至胶水完全干透，就可以获得间隙小、外观漂亮的产品。粘胶粘接的产品外壳如果处理不好，粘胶会被挤压，表面接缝有瑕疵。如图 2-14 所示。一般小型电子产品采用这种方式进行连接。外部看不到明显的连接信息的产品，多采用这种形式或焊接方式来连接不同部件。

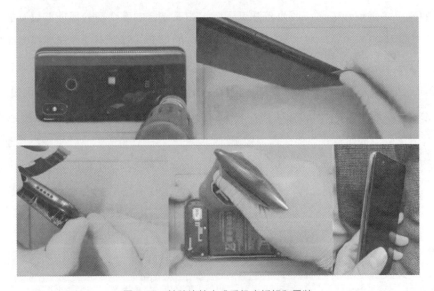

图 2-14 粘胶连接方式手机壳拆解和重装

（5）焊接

通过焊接方式组装的家电产品从外观上无法判断其连接方式，只能用排除法来判断。家电产品的塑料焊接有很多种工艺可以实现，包括超声波、激光、振动、热板、旋转、红外、加热等。塑料焊接方式的基本原理都是将其他形式的能量转换为热量，通过热量融化连接面的塑料，从而将不同部件连接在一起。一般采用塑料焊接方式连接产品的不同部件，可以提高家电的完整性和致密性，延长产品的寿命。产品需要高密封性、高强度、良好韧性以及利用材料本身一些特性的时候，常用焊接工艺实现不同部件的连接。例如：大型家电中的电冰箱、烘干机、洗碗机等，小型家电中的电熨斗、搅拌机、咖啡机、真空吸尘器等。采用热融型材料制作的家用电器部件都可以用焊接方式来连接，此类材料都可以满足塑料焊接工艺的要求。超声波焊接适用于几何外形、复杂形状的家用电器的连接，如熨斗或操作面板等。因为不易拆解，一般用焊接工艺连接的部件不做拆解，但在产品分析的时候需要理解焊接的各个部分承担的功能及其工作原理和生产工艺。焊接的部件完整拆解后，需要用专门的工具焊接复原，但焊接件拆解后大概率不能复原。如图 2-15 所示充电器的两个部分通过超声波焊接连接，电动牙刷也是用焊接工艺来连接不同部件的。

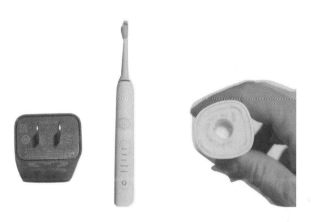

图 2-15　充电器及电动牙刷的超声波焊接

（6）双色注塑

双色注塑是一种在同一套模具中注塑两种不同材料的成型工艺，可以制成具有两种注塑材料特征的零件，两种注塑材料的成型温度有差别。这两种材料既可以颜色不同，又可以软硬不同，能够提升产品的美观性和减少装配环节，改善用户体验。如图 2-16 所示的博朗欧乐 B 儿童牙刷的把手，由紫红色的塑料和湖蓝色的橡胶成型，既可以实现产品的丰富配色，也能够增加握持的舒适感，提升了产品的握持体验。

双色注塑利用了两种不同材料的不同成型温度。双色注塑使得多色产品不需要组装不同配件，可以提高成型效率。双色注塑广泛应用于生产各种用塑料和橡胶一起成型的产品。

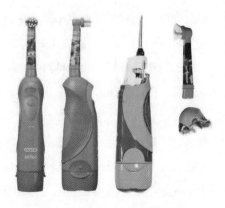

图 2-16 双色注塑博朗欧乐 B 儿童牙刷

2.2.2 产品的拆解工具及材料准备

为了理解产品的功能和原理以及内部结构,需要对产品进行拆解,而拆解后需要还原产品,以利于后期设计过程对产品进行反复研究。拆解所做的工作围绕拆卸、记录、理解、复原进行。

(1)课程目标课题产品(1个/组)

产品可以按照两人一组准备,品牌可以多样化,不要集中在一个品牌的产品上,最好各小组准备的型号或者品牌不一样。

(2)拆解工具

根据所拆解产品的连接形式及连接件的大小选择花式、平头、六角等螺丝刀(螺钉旋具),老虎钳,锤子,扳手,剪刀,锯子,不同规格的金属垫片或塑料垫片,如图 2-17 所示。

图 2-17 拆解工具

(3)记录工具

记录工具包括录像和拍照工具,记录数据的笔、纸或记录本。拆解产品是为了理解产品的结构、功能以及工作原理,需要对整个拆解过程进行记录,以利于后期分析和复原。

(4)测量工具

测量工具包括量角器、三角板、直尺、游标卡尺、卷尺、皮尺等。通过测量可以对产品的人机关系和尺度、产品结构以及部件之间的关系进行推敲和比较。如图 2-18 所示。

图 2-18　测量工具

(5)其他辅助工具

电吹风:用于加热改变粘胶和双面胶的黏性,以方便开启胶粘部位。

适合产品摊开的白纸或大板子:作为干净清晰的背景板,放置拆解后的各种零部件,呈现零部件关系和组装次序。

塑料件专用双面胶:用于辅助胶粘产品的复原。

手电筒:提供辅助光源,用于检查产品。

A3 或 A2 以上幅面的白纸一到两张:用于拍摄时的背景。

此外,收集关于被拆解本产品的结构图及功能说明书,以及同类家电产品的结构图。

2.2.3 产品拆解要求

（1）拆解前：观察产品细节

分型线：两个不同的部件组合后，在外观上会呈现出明显的组合分割线及缝隙。对于产品拆解来说，这样的线恰恰是打开产品的"开关"，可以从这些分型线处考虑产品的拆解。而对于产品的外观来说，合理美观的分型线可以提升产品的视觉效果，突出产品的细节，启发人们对产品的操作。

分模线：灌注使用的模具常规情况下由多个部分拼接而成，拼接的各部分之间的线就是分模线。灌注时塑料会堆积在缝隙的空间，模具开启后，接缝位置不可能实现绝对平滑。生产过程中，打开模具，取出注塑件，注塑件沿着接缝位置会有细小的凸起。通过打磨或硬性磨损可以将凸起去除，实现产品光滑的外观。

分型线和分模线的关系：有些产品的分型线和分模线一致，在外观上不会留下明显的注塑残留痕迹，外表光滑，无须进行表面再加工。分型的部件和部件之间可以看到明显缝隙，拆解产品的过程中，沿着分型线打开，就可以成功拆解；有些产品的分型线和分模线不一致，产品外观上会残留因注塑件与模具分离而产生的明显的塑料凸起线条，如果追求光滑的效果，外表有凸起线条的塑料件就必须经过再加工。分模线和分型线不一致的情况下，分模线是注塑件注塑时产生的凸起而不是缝隙，线上线下部分是连接在一起的整体，不能拆解。分型线和分模线不一致的产品，部件组装后会有明显的缝隙，拆解产品必须根据缝隙进行。好的设计，外表看不到分模线，进行注塑后处理或者直接将分型线和分模线合二为一，有利于后续组装。如图 2-19 所示。

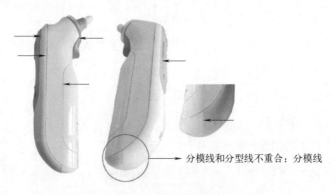

图 2-19 博朗耳温枪上的分型线和分模线

（2）拆解中：适度拆解

拆解主要是为了理解产品由哪些部件构成，各个部件分别完成什么功能，内部如何组装，部件组装的位置对应功能的设计特征。

拆解工作始于打开外壳，取出不同部件，分析不同部件的功能，止于拆解出主要的部件而非零件。胶粘、双面胶粘的部分外壳需要拆解；内部元件和主体不妨碍对产品理解的不用拆解；焊接的部件不拆解，但要求能够理解；集成组件和部件不影响对产品理解的可不拆解。外壳焊接的产品只能用切割方式打开，如果学生希望更深入理解产品的各个功能部件的任务执行方式和结构逻辑，可以自行控制拆解程度，进行深入拆解。

拆解顺序：按照从外到内、从上到下的顺序拆解。拆解出来的零部件按照拆解顺序摆放，摆放形式可参考爆炸图，即按上、下、左、右次序"爆开"摆放。拆解过程中，一人拆解，其他人录拍。

（3）拆解后

解读产品的结构、工作原理和功能，测量部件尺寸，为还原成三维模型做好准备。了解动力、加热、控制、灯光、振动、旋转等不同功能部件，按次序摆放拆解的部件，通过重新组合，认识完成每一项功能所需要的零部件，做好画图准备。

（4）漂亮的分型线

按照形体特征以及生产工艺要求，流畅的分型线可以增加产品的设计细节，提高产品的美观程度。一般来说，考虑到装配和拔模的需要，应尽可能减少分型线与外壳造型的冲突。如果沿着外壳轮廓线的平行线或相同趋势走向的线进行分型，产品的整体感和细节气质都会上升。

2.3　产品拆解过程记录

为了能够顺利复原产品，防止拆解后不能恢复产品的功能和保证产品的完整，以利于后期反复推敲和分析产品，需要对产品的拆解过程进行记录。记录方式包括动态形式的录像和静态形式的拍照。

2.3.1 拆解过程动态记录

产品拆解后需要恢复原样,并能够实现原有的功能,以在后期研究的时候再发挥作用。为了安装不出差错,用视频形式全程记录拆解过程,选择利于解读产品组装方式的最佳角度录制产品的拆解过程。

2.3.2 拆解过程静态记录

拆解的零部件按照从上到下、从左到右的顺序依次在白纸上摆放,呈现实景爆炸图,如图 2-20、图 2-21 所示,同时在此过程中拍摄照片辅助记录,如图 2-22 所示。

图 2-20 拆解过程图

2.3.3 拆解后产品的数据测量和记录

为了便于对产品及其内部结构进行理解,拆解前或重新组装后应当对产品进行整体尺寸测量;拆解完成后,对各个部件和组件进行测量。后期可在拆解基础上,进行不同品牌的产品的体量、部件关系解读,产品尺度理解,产品的人机关系推敲,以及产品的三维模型复原(图 2-23)。

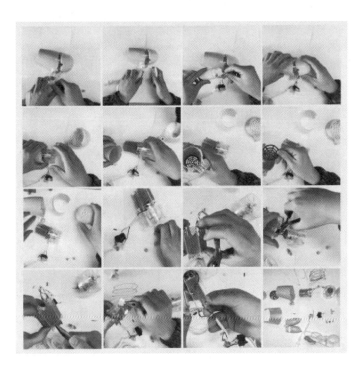

图 2-21 拆解步骤图

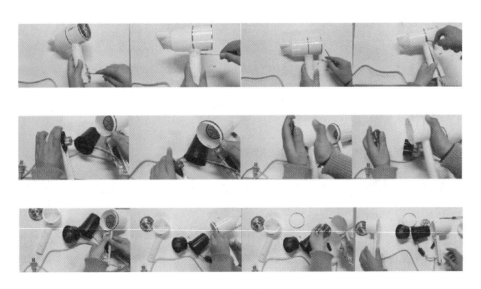

图 2-22 拆解过程记录

第 2 章 动动手理解小家电产品

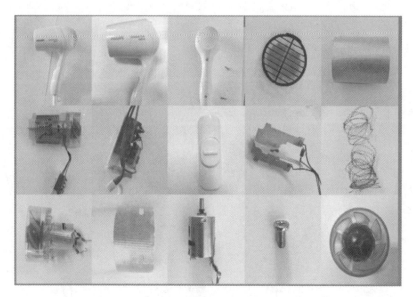

图 2-23 拆解后零部件图

2.4 拆解后产品的二维理解

经过拆解,获得了一堆包括塑料(金属)外壳、电机(带电机产品)、控制件、液晶屏幕、LED 指示灯、按键、PCB 等的零部件。可以通过这些零部件完成对产品的结构、功能、工作原理、尺度等的理解。同时也可以通过二维信息图传达拆解者对产品的理解,培养设计者的审美能力、图形表达能力、规划能力、精准把握信息能力、二维绘图软件操作能力、画面统筹组织能力等,而这些能力对于设计师来说都是必备的基本能力。

2.4.1 小家电产品的结构理解和呈现

拆解后,拍摄完后即可以制作二维结构简图,以解读产品结构。

二维结构简图能够反映拆解者对产品结构的观察和理解,也能够提升设计者的图形信息表达能力和审美能力。要观察和分析产品部件的安装顺序和位置,理解和学习分型线、分模线,比较不同品牌产品的分型线、分模线,理解产品的外观因内部结构所受的限制和需求。比如电吹风,受结构限制,其形态特征、出风口和进风口的位置与电机的关系,等离子或者精油护理型电吹风的等离子或精油是如何产生、如何工作的，电机和扇叶的位置关系，以及控制部分和风筒的关系等问题都可以通过结构来理解（图2-24）。

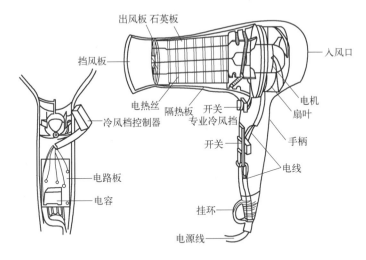

图 2-24　二维结构简图

基于对结构的理解，设计者可以用信息图形式将产品的主要部件的组合方式进行还原，绘制成风格不一的二维图。为加深和强化这个理解过程，可以用零部件排列拍照、二维简图、色彩图、三维建模等形式呈现（图2-25～图2-27）。采用三维形式的零部件按顺序"爆开"展示结构或零部件的实景，以从上到下、从左到右的形式呈现产品的结构部件，以实际零部件重组的方式呈现，或以各个关键工作部件说明产品的结构组成。

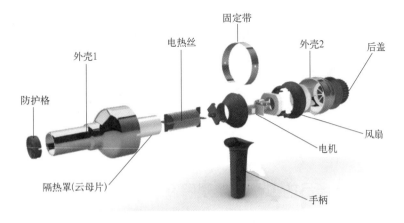

图 2-25　三维爆炸图

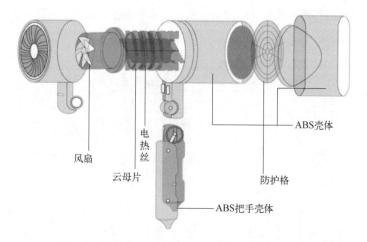

图 2-26　二维平面软件绘制结构简图

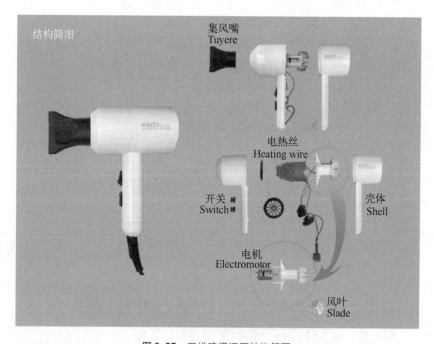

图 2-27　三维建模还原结构简图

2.4.2　小家电产品的工作原理理解及呈现

产品的工作原理是指保障产品功能正常实现的基本原理和机制。产品二维工作原理图对产品如何通过内部结构完成各种功能进行解释和呈现。将小家电产品的启动，及其他元件如何发挥作用，尤其是实现加热、气流、调整、灯光、信息、转动、定时、制动、启动以及其他功能通过信息图的方式进行说明，为后期创新产品做理论准备。如电吹风的驱动方式和空气流动方式、冷风/热风切换的原理、多级热效应的原理、等离子发生原理、精油的储藏/注入挥发机制等，都可以通过工作原理图展示。制图过程也是对设计者审美表达能力、图形组织能力及信息传达能力的考验和训练。图 2-28 ～图 2-31 以电吹风为例，将电吹风的工作原理进行了解释。

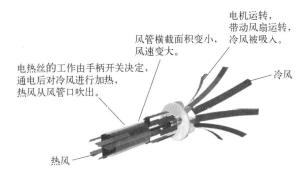

图 2-28　电吹风工作原理图（1）

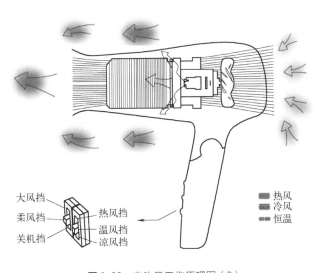

图 2-29　电吹风工作原理图（2）

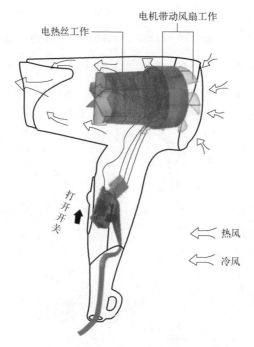

图 2-30　电吹风工作原理图（3）

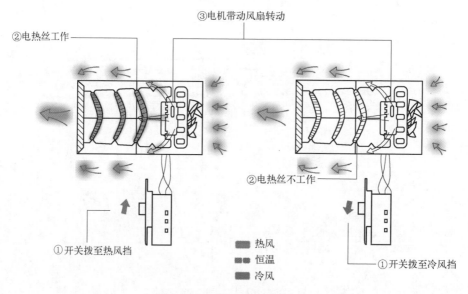

图 2-31　电吹风工作原理图（4）

2.4.3 小家电产品的功能分析与呈现

对产品的部件,按照不同部件之间的功能关系进行功能分析。执行和完成同一功能的部件用分区的形式进行表达,清晰地把产品的抽象功能和具象的结构以及部件联系在一起。这也能使拆解者对产品的原理进一步理解。拆解者利用功能分析方法分析功能并简化呈现,使功能和结构之间的关系清晰明了,有利于对产品的功能进行解读,也能够考验拆解者的美学造诣和信息表达能力。以电吹风为例,可以以多种方式呈现。如图 2-32 所示为通过分析、整理、归纳不同部件的功能,结合绘图及照片分析产品的结构;图 2-33 所示为以思维导图的方式厘清不同的部件之间的功能联系;图 2-34、图 2-35 所示为通过思维导图、图片的整理、排列、分类形成功能部件分析图。

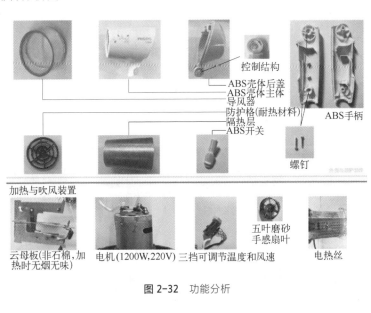

图 2-32 功能分析

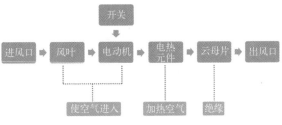

图 2-33 以思维导图方式梳理功能和结构部件之间的关系

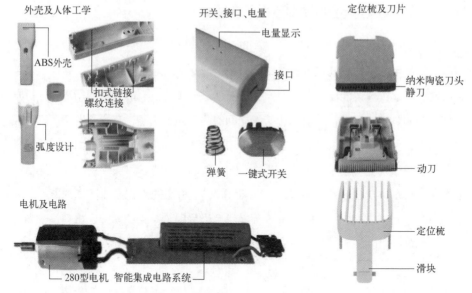

图 2-34 电动理发器功能部件分析图

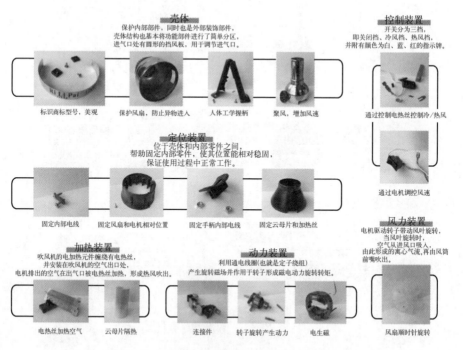

图 2-35 电吹风功能分析图

2.4.4 小家电产品的尺度分析与呈现

通过测量的数据进行尺度分析与呈现，并用 CAD 图纸或者其他二维图形表达，用于理解产品的寸尺关系，并且为拆解者按照产品的尺寸比例关系重建产品三维模型提供准备，以便挖掘产品痛点。如图 2-36 所示为电熨斗的二维尺寸图。

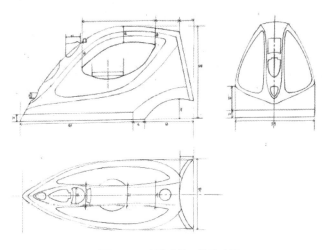

图 2-36　电熨斗的二维尺寸图

2.5　产品的三维理解

拆解的产品以二维形式整理解读产品的结构、功能、原理、尺度后，可以通过三维形式重建。将小家电产品用建模后的爆炸图表达，以加深拆解者对产品的几个方面要素的了解，同时也为后期创新设计方案的建模做好训练和技术准备。同时，在建模过程中理解分模线和分型线，合理设计分型线，为产品细节设计打下基础。

2.5.1　建模还原

基于产品尺寸测量数据，可以通过手绘效果图表现，也可以通过手绘板、二维软件（PS/AI）、三维软件（Rhino、Blender、Cinema 4D、Final Render、KeyShot）等比例还原产品的外观形态和内部结构，以加深对产品结构、工作原理、功能细节的解读（图 2-37）。同时，可以温习手绘、操作建模渲染软件的技能，为后期的设计打基础。

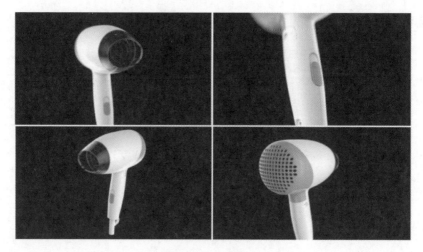

图 2-37　建模还原

2.5.2　爆炸图表达

以结构简图为基础，使用二维方式、三维方式或动态方式来表现，可清楚地说明产品的内部结构和部件及工作原理。通过还原模型，并且选择最佳角度，将零部件以"爆开"外壳的方式呈现，可清晰地反映产品的结构，加深对模型的理解（图 2-38）。

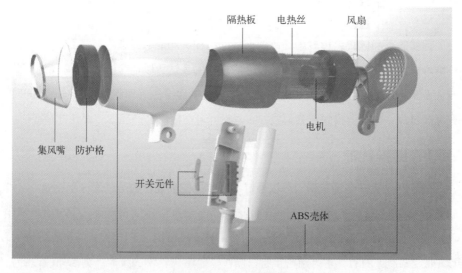

图 2-38　三维还原爆炸图

2.6 设计任务解读

本章是理性理解产品的章节。为了理解产品,需要分组对产品的工作原理、结构、工艺方法、功能进行解读。需要准备材料,并且有序进行产品拆解,拆解后通过不同内容的图表将对产品解读的结果呈现出来。

2.6.1 设计任务内容

任务:拆解和理解产品

1	2	3	4	5	6	7	8
结构简图	工作原理图	功能部件图	尺寸图	拆解视频	拆解过程图	1:1爆炸图	产品1:1还原模型还原图
图片	图片	图片	CAD图纸	视频	图片拼贴	建模渲染或手绘	建模渲染或手绘

(1)目标

拆解产品,研究产品的工作原理、结构、功能。

(2)具体内容

① 制作工作原理图、结构简图、功能部件图、爆炸图、产品1:1还原模型图;

② 录制拆解视频;

③ 拍摄零部件排布图;

④ 测量产品尺寸并绘制尺寸图。

(3)要求

对产品进行拆解,并对拆解过程进行分析和记录。

(4)作业形式(每组1份)

阶段性作业:工作原理图、结构图、功能部件图、拆机视频、拆解过程图片、尺寸图,以及包含以上内容的PPT一份。

2.6.2 技能要求

① 工程师素质培养:掌握拆解产品的顺序和方法,尽量能够还原产品;拆解产品过程中能够依次有序摆放零部件。

② 结构和组装工艺：读懂零部件之间的组装方式和组装顺序及其组装原因。

③ 生产工艺理解：分型线的选择和思考，即怎样的分型线能够有效生产产品并且形式美观。

④ 图形表现——技能要求：学会用平面图将所理解的工作原理、结构、工艺、功能清晰表达。

⑤ 软件——技能要求：PS（AI）+Rhino+KeyShot+CAD。

2.6.3　设计思考

① 产品分型的原则是什么？

② 完美的产品分型线是怎样的？

③ 产品功能、工作原理、结构的图示法你学会了几种？

④ 常见的机器运转原理有哪几种？需要依靠什么样的结构、部件实现？

第 3 章　小家电产品的用户研究

3.1　小家电产品用户研究　　　57
3.2　用户研究的目标和程序　　68
3.3　用户研究的方法　　　　　70
3.4　用户研究结果的呈现　　　86
3.5　以用户研究为基础的人和产品系统分析　　94
3.6　设计任务解读　　　　　　103

"设计是人类的创造性智慧应用于物质产品与精神产品生产的行为。"工业设计通过产品对社会、伦理、经济、物质环境甚至自然环境起作用,在探索解决方案的过程中,也有可能促进新技术、新材料、新的社会服务体系、新的商业模式的创新和发展。

国际设计组织(World Design Organization,WDO)于 2015 年 10 月发布了工业设计的最新定义:(工业)设计旨在引导创新、促发商业成功及提供更高质量的生活,是一种将策略性解决问题的过程应用于产品、系统、服务及体验的设计活动。工业设计是典型的多学科交叉专业,为了确定和实施设计构想,工程技术、商业、创新、用户研究缺一不可,通过综合运用各学科知识探索解决方案,重构问题,优化产品、系统、服务、体验,创造新的价值,借助设计表现技法将解决方案可视化。

产品开发来源于四个方面的需求:①用户需求;②企业利益;③市场需求;④技术驱动(图 3-1)。从这四个需求的客观条件来看,企业利益、市场需求、技术驱动建立在企业发展的需求、企业对市场的敏感度以及企业的研发能力的基础上。从字面上看,企业利益是推动企业发展、产生经济效益,深层原因在于企业获得了消费者认可;而市场需求基于大量用户对产品的接受和期待。企业利益和市场需求本质上都是对用户需求的不同层面的响应。新技术很大程度上是为了更好地满足用户需求、提升用户体验而出现的。基于用户需求的产品开发作为基础的研发动机,更适合初学者学习,随着设计者设计能力提升和设计实践增加,与企业的合作深度和广度加强,将推动基于其他三个需求的产品创新能力的发展。

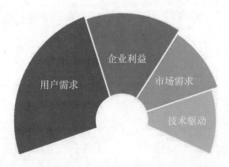

图 3-1　产品开发的四个需求

用户需求激发和支配了设计行为,产品的设计开发以用户需求为中心,将用户研究放在重要的位置。首先，用户的数量产生市场需求；其次，用户喜好左右产品的生命周期；再者，用户会对产品进行选择；最后，当前用户会对潜在用户产生影响。用户研究的根本目的：明确产品的目标用户群，确定、细化产品设计概念，通过对用户的产品使用行为、心理和认知特征进行研究，以用户为中心引导产品设计，使产品符合用户的习惯、经验和期望。

在设计过程中，发现问题是创新的第一步，而用户研究是发现问题的关键。要充分理解产品用户群的文化和观念，观察用户在产品使用过程的行为，并且能够敏锐地抓住产品使用中存在的各种问题并加以解决，从而创造用户能用、易用、想用、爱用的好产品和好服务。

用户研究是多阶段的问题求解过程，研究的目的是"懂"用户，明确谁是用户、用户在哪里、怎样甄别用户，将有关用户的背景、喜好特征、工作和生活方式等纳入用户研究的范畴；分析和预测用户使用产品的行为；通过用户测试，获取用户的产品使用体验，调整和形成产品设计概念。用户知识作为重要的媒介，为产品的创新设计提供了不可或缺的设计线索。

3.1 小家电产品用户研究

用户研究未必能够决定产品的成功，但脱离用户研究的产品绝不可能具有长久的生命力。

小家电产品的用户研究可以定义产品目标用户群，通过对用户的产品使用行为、心理和认知特征的分析，由用户需求引导产品设计。新产品的用户研究可以明确用户的需求点，确定设计方向；已有产品的用户研究可以发现产品存在的问题，改进和优化未来的新产品。

以用户研究为基础进行创新，围绕目标小家电产品，观察用户使用产品的过程，进行用户访谈，发现产品使用的痛点及其产生的原因，利用用户研究工具和方法分析问题，提出和评估解决方案，并呈现发现问题、探索问题、解决问题的过程和思路。

斯坦福大学设计学院提出了设计思考流程，包括理解、观察、定义观点、形成概念、制作原型、测试（图3-2）等步骤。这些步骤之间为非线性关系，交融反复，可以通过不断测试、迭代最终获得符合用户需求的创新概念。

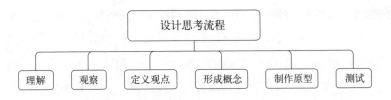

图 3-2　斯坦福大学的设计思考流程

3.1.1　关于用户

理解用户，贴近用户，用户研究必须真实可靠。调研的目标用户应该能够为产品的理解和分析提供有价值的信息。

从词义上看，用户就是使用产品的人。按照产品与用户的亲疏关系，可以将用户分为主要用户、一般用户、相关用户（图3-3）。主要用户指产品的直接使用者，是使用产品频率最高的用户；一般用户指偶尔或间接使用产品的人；相关用户是与产品使用有关系，影响产品使用或做出购买决定的人，或对产品的养护、维修提供服务或建议，进而影响产品的人。另外，在设计开展前还有一些利益相关人员，如产品生产企业的决策者、产品的销售人员、产品生产的技术人员、产品的售后服务人员，他们与产品的设计和使用有间接关系。主要用户的行为、需求、动机、体验是用户研究的重点。其他用户可以为设计研究提供方向和其他视角，影响产品设计策略。以用户为中心的设计务必围绕用户进行调研分析，提高用户在设计过程中的参与度，以用户的需求和意见为设计指南。

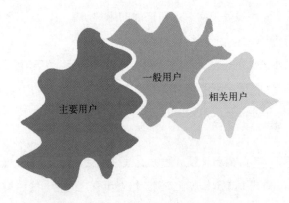

图 3-3　根据与产品的亲疏关系进行用户分类

3.1.2 用户研究的内容

用户研究一般从用户的衣、食、住、行（图 3-4）入手，可以通过观察法、调查法、访谈法从以下几个板块进行：

图 3-4　衣、食、住、行

① 用户消费模式研究；
② 用户产品使用行为研究；
③ 用户产品使用经验研究；
④ 用户产品使用动机研究；
⑤ 用户产品交互体验研究；
⑥ 用户产品知识研究；
⑦ 用户对产品的期望研究；
⑧ 产品服务的用户研究；
⑨ 用户审美趋势研究；
⑩ 用户背景研究。

产品的功能性、舒适性、效率性、安全性与产品用户息息相关，左右了设计策略。用户研究以需求为起点，通过挖掘用户在产品体验中的不满和期望，把握产品创新的机会，尤其在产品相对成熟、难以创新的领域，只有通过用户体验创造新的价值，才能抓住用户的心。

3.1.3 用户研究的准备

确定课程研究的目标产品之后，通过线上资料了解产品背景，也可以试用产品获得产品使用的直观体验。通过各种购物平台和自媒体平台积累关于产品使用的二手资料，形成研究框架，侧重了解用户的产品使用体验，确定研究的目标用户、产品的使用过程以及相关的功能，将其作为研究重点。

在课程开始前，进行材料、工具、用户研究和访谈的准备。初次调研，为节约调研成本，选择拥有产品使用经验的"熟人"作为研究对象，既易于入手，也有亲和感，不容易被拒绝，对于访谈的问题和相关的信息能够获得积极而真实的回复，后续研究中也易于获得用户的配合。一般以"5W2H"为基础展开调研，采访或访谈产品的用户，也可以根据实际情况采用不同的用户研究框架进行用户研究，并对整个产品使用过程以及用户的反馈进行影像或文字记录。主要通过"看""问""录"三种手段来获取相关的信息。

（1）看——观察

① 产品使用过程观察（行为观察，选择多位产品用户，新手用户的学习过程以及熟练用户的使用流程和习惯都需要观察）。

主要关注问题：用户与产品的硬件如何交互？与产品的软件如何交互？使用产品过程中遇到的问题？操作流程是否有与众不同的步骤，为什么？

如图3-5所示，用户如何启动机器人？如何控制不同的扫地模式？如何移动到不同的空间？如何回避障碍物？如何收集地面垃圾？如何清除清扫的垃圾？……

图3-5　家用扫地机器人的工作状态

② 产品的使用环境的研究。

对声音、灯光、气候等条件有无要求，为什么？对周边设施有哪些方面的要求，为什么？对空间布置有无要求，如扫地机器人是否需要在灯光条件下工作？如果有语音指令，需要在多远的空间距离执行？对地面的垃圾种类是否有选择？动物毛发能够清理吗？对地形是否有要求？台阶地面如何清扫？直角角落如何清扫？……

③ 产品使用前的准备工作。

启动扫地机器人前是否需要做准备？物料准备、配套设施准备、其他工作条件准备，与产品的相关性。如扫地机器人电源或充电桩如何工作？滤网是否需要更换？垃圾仓是否需要清理？空间环境障碍物是否需要清除？……

④ 产品不同功能的使用。

了解产品的每一种功能使用的完整流程，功能之间的关系和交融，厘清不同功能之间的关系，分清主次功能。这相当于功能说明，为后期做产品的功能分析做准备。如扫地机器人的扫地过程中的避障和垃圾存储、清理都是扫地功能的辅助功能，对于扫地功能的执行缺一不可。

⑤ 产品使用前后的维护保养、清洁工作。

产品使用完是否需要清洁？如何清洁？需要进行什么养护操作？对于扫地机器人而言，就是电源保障和清理清洁、更换扫头、更换滤网等具体内容。

⑥ 产品收纳的空间及方式。

产品一般收纳在哪里，为什么？这个收纳空间有什么特点？对于扫地机器人来说，是决定扫地机器人的存储空间和存储形式，如是否需要专门的位置存放，具有充电座的机器人需要归位存放。研究不同家庭的扫地机器人存放方式，可以发现不同家庭对于扫地机器人存放的期望，从而寻找扫地机器人收纳的最优解，优化扫地机器人的设计。如图 3-6 所示为追觅扫地机器人。

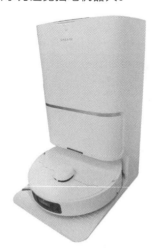

图 3-6　追觅扫地机器人

（2）问——访谈

① 用户的基本特征。

用户的年龄、性别、职业、收入、知识水平、爱好，日常与产品相关的活动和情况等。

② 用户的家庭情况。

用户的家庭成员组成、家庭收入、家庭居住空间、家庭所在的城市以及在城市哪个区域、家庭购买产品的目的等。哪一位成员最常用该产品，为什么？主要使用成员如何使用？其他成员如何使用？

③ 用户对产品的看法。

主要使用成员及家庭其他成员对产品使用的反馈和需求。用户知晓的同类产品的品牌有哪些？用户选择该产品、该品牌的原因是什么？用户比较关注和心仪的品牌有哪些，为什么？用户是否使用过该品牌的产品？用户是否使用过具有类似功能的产品？对这些产品的功能有何体验和要求？

④ 用户在产品使用过程中曾经遭遇哪些问题？最后如何解决的？

⑤ 家庭成员中谁来购买该产品？通过哪些渠道购买？

……

（3）录——用户使用实录

录制短视频：用户使用产品的全过程录制。如空气炸锅的使用流程见图3-7。

图3-7 空气炸锅的使用流程

通过短视频或直接观察研究使用者行为。不同使用者的使用过程都需要记录，尽可能采集更多用户使用数据，采用录视频和拍照方式记录。如果产品还具有其他功能，按照不同功能的使用来分项录制。

录制和访谈关注的焦点为"5W2H"：Who、Where、When、Why、What、How、How much。

常以"5W2H"为基础进行用户研究，以期为发现问题和解决问题明确方向，这有利于设计构思和创新。如图 3-8 所示。

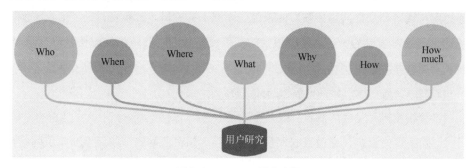

图 3-8 "5W2H" 研究主题

① What——产品解决什么样的问题？产品是什么？做什么？

② Why——为什么要这样做？可不可以不做？为什么必须是这样的形式？可否有其他形式？

③ Who——为谁而做？什么人用？用在什么人身上？相关的是什么人？

④ When——相关的时间问题。什么时间用？什么时间合适用？需要用多长时间？

⑤ Where——产品使用场景。在哪里用？

⑥ How——如何做？怎么用？怎样才能高效率地使用？怎样用才能有效？

⑦ How much——数量和质量怎样？费用怎样？损耗多少？做到什么程度？

3.1.4 用户研究的资料

通过对用户的行为观察以及分析和访谈，针对研究者在观察或访谈中发现的问题寻求背后的答案。在研究过程中经常应用人类学、社会学、民族学的方法分析相关的数据和资料，采集有效的用户信息以指导设计。

（1）用户研究的资料来源

用户研究除了通过观察、访谈、录像、实验、焦点小组、官方渠道等方式获取一手资料以外，还可以通过其他的文献、影视、媒体渠道的二手资料来获取用户的相关数据。在采用二手资料的时候必须进行研究和评估。通常个人通过自媒体发布的很多信息没有经过验证和校对，资料的真实性和准确性没有经过验证。应客观科学地选用相关数据，以免产生偏颇。

（2）用户研究的资料分类

了解用户研究的资料来源和资料的加工过程，有助于对资料进行有效的应用。

① 用户研究的资料按照加工程度，可以分为一手资料和二手资料。一手资料指通过用户调研和从官方直接获取的未经他人加工的资料。二手资料指经他人收集、整理的已经发表过的资料。用户研究的二手资料来源主要包括文献资料、视听资料、网络媒体资料。

a. 文献资料：指包含各种信息的文字材料。

b. 视听资料：包括广播节目和影视节目。

c. 网络媒体资料：通过互联网获取的资料。如企业网站、政府事业单位网站、综合类网站、自媒体等。

② 按照不同的来源分类，主要有三个渠道：个人资料、官方资料、大众媒介资料。

a. 个人资料：以个人方式记载的日记、自传、回忆录、往来信件、E-mail、博客、Vlog、微信朋友圈等资料。

b. 官方资料：来源于政府机构和相关组织的记录、统计报告、计划、汇报、官方公众号、官方网页上发布的信息。

c. 大众媒介资料：报纸杂志、电影、电视剧、公共网络媒体等面向大众的媒介。

新闻报道是用户研究的文献资料的主要来源之一。新闻报道会受作者个人观点的影响以及社会因素限制。现今是自媒体盛行时代，对其内容应该保持客观分析和科学应用。

3.1.5　不同阶段用户研究的差异

用户研究贯穿产品设计的全过程，但在不同的阶段，研究的重点和研究方法有所不同。根据产品设计的阶段进行规划，相应阶段的研究侧重不同的用户研究内容，以获取有效的设计参考信息。Jesse James Garrett 在《用户体验要素——以用户为中心的 Web 设计》中将设计开发过程规划为战略、范围、结构、框架和表现五个环节，如图 3-9 所示。设计开发过程中，从左到右，五个环节逐层推进设计决策并将设计方案具体化。前一环节的决策是下一环节的基础，如图 3-9 所示。

对于产品设计来说，也是这样一个逐层推进的过程，在不同环节中，用户研究有差异，研究内容和侧重点不同。

图 3-9　设计开发过程的五个环节

① 战略环节：规划目标和发现用户需求，以确定产品设计概念。主要通过用户研究确定产品的定位和发展方向，倾向于明确用户对产品的功能的需求研究。重点研究用户想要什么。

② 范围环节：基于理解用户知识和对用户的知识进行分析调研，确定产品功能，倾向于将用户需求与用户知识结合。重点明确用户可以得到什么。

③ 结构环节：产品落地的相关技术和原理以及材料和未来发展趋势。解决做什么、怎么做、做出了什么的问题，以及产品如何实现功能与产品的工作原理和结构。重点规划技术和原理等硬件因素如何满足用户需求。

④ 框架环节：通过测试，理解用户行为模式，分析用户与产品之间的交互。框架环节的内容和战略环节的用户研究的区别在于，框架环节已经形成新的产品概念，可以结合前三个环节设计出初步的模型进行技术测试和技术方案探索，在技术和原理可行的基础上研究如何实现良好的人机交流，以提升和塑造良好的用户体验为目的。重点在用户怎么理解新产品和如何使用新产品。

⑤ 表现环节：涉及产品的风格问题，为设计细化进行积累，倾向于用户对风格的要求，通过用户对产品的评价，推进对产品进行不断改进和调整。重点在于用户对试用产品的评价，并利用评价反复调整产品，最终推出能够满足大多数用户要求的产品。

设计过程的不同阶段用户研究内容不同。在初始阶段需要明确目标用户，发现产品痛点，重点研究产品的成熟用户，对用户的使用行为和围绕产品的生态系统进行研究。在产品概念确定后，对设计的方向进行决策，进而研究目标用户的产品知识、用户的行为模式、整合工程技术实现实体产品及产品的信息交互方式，并通过 CMF 和形态及用户对产品风格的需求构建产品方案，最后依靠用户参与对产品性能进行评估和修改，通过视觉效果和样机呈现产品效果。在产品进行批量生产前，优化产品的各项功能和性能，对产品进行调整。从设计流程来看，五个设计环节的用户研究的具体内容和方法也有差异（图3-10）。

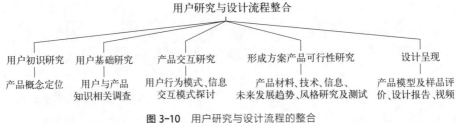

图3-10 用户研究与设计流程的整合

① 用户初识研究。通过用户与产品的互动，寻找产品的痛点，结合市场调研确定产品的设计方向。可以通过用户观察、用户访谈、市场调研来确定产品的概念和发展方向。

② 用户基础研究。如图3-11所示。

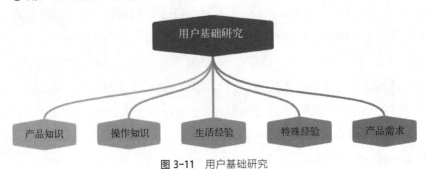

图3-11 用户基础研究

用户对产品的认知和经验包括产品性能、品牌、功能、操作、使用经验，使用或经历过、听说过产品的相关的反馈，围绕产品需求的相关知识。可以通过访谈、问卷、焦点小组、用户日记、头脑风暴、专家会议、民族志等方法获取。

③ 产品交互研究。如图3-12所示。

是对用户和产品之间的软硬件交互的分析。用户使用产品的行为模式包括执行任务的行为、操作的模式及顺序、信息交互方式、视觉偏好、情感诉求等。对产品的CMF、技术和信息交互模式进行分析，常通过卡片分类、人物分析、文字流程说明、图形标识、模型、原型、专家会议、用户焦点、用户旅程地图等方法来获得关键信息。

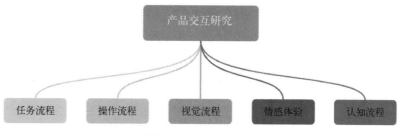

图 3-12　产品交互研究

人们往往对习以为常的事情很难进行深入的观察及清晰的报告，通过访谈或者观察法来获取用户知识很困难，但在用户研究中又很需要了解用户操作。将这些操作具体化、条理性地呈现有利于对产品的功能和用户操作细节复盘。

任务流程分析将完成任务的过程分解成不同的抽象任务，不关注其中人的行为。操作流程分析具体化每一个任务的执行和完成，从行为和知觉出发。与任务流程分析不同，操作流程分析是对执行某一个任务时的具体行为进行分析，通过动作和信息接受和反馈完成任务的闭环行为。

④ 形成方案产品可行性研究。如图 3-13 所示。

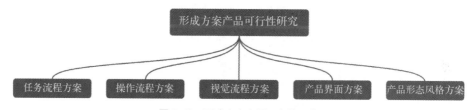

图 3-13　形成方案产品可行性研究

通过实验、分析、讨论等方式对用户的行为模式、执行任务的流程、信息交流的方式、视觉偏好进行测试，由此明确产品的操控、信息交流的方案，并对方案进行调整和改进。可通过交互草图、产品模拟、实验测试、模型测试、使用过程记录、眼动仪测试等方式进行。

⑤ 设计呈现。如图 3-14 所示。

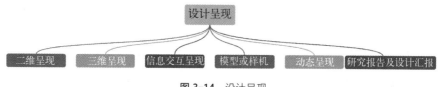

图 3-14　设计呈现

设计呈现的过程中，仍然需要通过用户研究来修正设计效果，验证设计可行性。至此，用户参与产品设计开发的过程大致结束。

从产品的生命周期与用户研究的关系来看，前期发现问题注重的是定性研究，后期进行决策需要大量的定量研究数据来支持。开发产品首先要明确产品的目标用户及用户的需求，常采用"5W2H"框架观察和访谈用户以获得一手资料，综合线上、文献、用户、专家等资源来采集相关数据。

确定了目标产品和研究目的，需要选择目标用户进行相关的研究。最好选择该产品使用频率高的用户进行访谈和观察，当然非主流用户意见也需要了解和参考，了解其对该类产品的意见及原因，有利于深入改进产品的负面因素，提升用户体验。然后根据用户特征进行筛选，锚定目标用户。调研对象包括用户、相关利益者、维修人员等。用户研究持续于产品设计的全过程，在不同的阶段需要通过不同的用户研究内容获得相关的信息，从而推进设计的"匍匐"前进。

3.2 用户研究的目标和程序

为了明确目标用户，进行用户研究前需要进行"粗"调研，通过背景资料分析锁定目标用户，再根据不同阶段的需要应用相应的方法，获取设计需要的信息。

用户研究的每一个环节都是相互联系、层层深入的，通过聚焦－螺旋上升，获得越来越精准的目标用户数据，通过整合方式构建用户角色、用户情境以及用户行为框架。

3.2.1 用户研究的目标

通过用户研究能够确定产品的目标用户特征，形成用户画像，为后期产品的设计方案提供趋势方向，也可以让团队成员更好地理解目标用户，形象化目标用户特征。同时，发现用户和产品之间的矛盾，进而探寻产品发展的空间，明确产品概念和需要解决的目标问题。用户研究结果还可以通过情境故事来演绎用户和产品之间的矛盾，突出产品的痛点。

3.2.2 用户研究的基本程序

用户研究有明确的逻辑，研究的广度和深度在不同的阶段也有差异，有的时候需要"扩大",有的时候需要"聚焦",一般来说主要有以下基本程序,如图3-15所示。

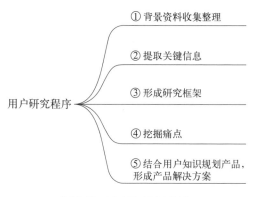

图3-15 用户研究基本程序

① 背景资料收集整理。可以通过调研把握研究主题概况,并确定研究的目的、方法、程序。选择合适的渠道,获取背景资料。从报纸、期刊、书籍、电视、广播、网站等渠道收集资料,分析提取关键词、关键点,对产品的可能趋势进行推测,对已有产品的用户反馈有个基本的了解。

② 提取关键信息。对背景资料调研结果进行整理、分类。根据分析,抽取价值主题,并进行归类,形成问卷提纲。通过问卷调查对用户使用产品的活动和背景信息进行采集,从中提取关键信息,梳理问题清单,准备访谈提纲。

③ 形成研究框架。细分整理的资料,提取定性研究的重点,厘清脉络。通过观察法、访谈法等对产品的使用过程、使用环境、用户使用态度进行研究,探寻产品与用户行为及生活方式之间的联系。

④ 挖掘痛点。确定典型的用户特征,根据用户需要描述用户情境,探索创新设计的线索和方向,形成解决方案。整理资料,形成逻辑报告。整理用户背景资料,为进行用户精细研究把准方向。

⑤ 结合用户知识规划产品,形成产品解决方案。确定新产品解决的目标问题后,形成产品的设计方案并对设计方案进行评估和调整,最终完成产品的设计及生产。

围绕研究的主题进行背景资料调研,最好选取原始的资料,以避免过度加工对资料的真实性的影响。

3.3 用户研究的方法

适于本课程使用的几种用户研究的方法以及研究框架，可以根据需要进行选择。常用的用户行为和态度的研究方法有观察法、访谈法。问卷调查法因为问卷本身的设计和统计需要专门学习，难度很大，本书中不做讲解，仅进行简单的介绍。

3.3.1 问卷调查

问卷是为了了解人们的态度、观念，按照一定的逻辑和框架，通过问卷测试获得信息的一系列问题的组合。用户研究问卷可以获取大量信息，包括用户的目标行为、观点、人口统计学特征，为寻找用户和产品之间的关系提供相关信息。问卷结果的统计分析需要统计学知识。问卷的设计和应用，需要进行大量的数据处理。进行问卷调查时，受访者在预设的提纲下回答，容易受到限制，不利于统计用户独特的产品体验。

访谈类似，通过问的方式开展，更倾向于小范围座谈和面对面交谈。访谈可以在轻松的氛围中探察用户的真实态度，虽然也存在访谈框架，但受访者可以自由表达观点。访谈一般是小范围的，重点用"谈"的方式来获得相关问题的解答，利于发现独特观点和崭新的视角，容易获取设计师关心的信息。在设计调研中，对于产品的目标用户，访谈是一种最有效的信息获取方法。

3.3.2 观察法

观察法是研究者根据研究目的制订相关研究计划，撰写研究提纲，通过感官或辅助工具观察目标用户在真实场景中的行为和表现，从而获得相关的数据和资料，洞见产品的问题，探索其背后的原因的一种研究方法。观察法是对用户的行为进行直接研究的方法，能够通过观察者对环境、用户的观察发现产品的潜在问题，展现产品的潜在需求。观察法是直接获取用户研究所需的一手资料的有效方法。专业的观察者能够从用户本身、用户和产品的互动、用户和环境的互动中发现用户和用户之间、用户和产品之间、用户和环境之间的矛盾，找到产品的痛点。

有效的观察结果可以激发创新。IDEO 公司认为进行群体性问卷调查，不如对个别用户进行观察和访谈，其可以获得更多更有效的信息。通过观察可以理解用户。观察过程就是发现问题的过程，不仅可以关注用户的行为细节，还可以针对观察的结果进行即时访谈，理解行为细节背后的动机。观察通常直接利用人的眼睛感知目标用户及其行为，为了减少遗漏，一般需要通过照相机、录音机、摄像机进行辅助观察和记录数据。观察的内容包括产品的用户、产品的使用情况、产品的使用环境、产品的保养及清理收纳情况。观察法主要是对行为，人与产品、环境的交互进行观察，结合访谈了解观察中发现的问题，推敲因果关系，了解观察结果背后的故事。观察中可能会发现用户自身都没有察觉的问题，从而抓住产品的痛点，启发设计创新。

（1）观察法的分类

观察法按照数据的精确与否，以及观察者自身是否参与到观察活动中，有不同的分类。

① 按照是否需要获得精确的数据或是否仅对问题进行定义，观察法分为定量观察和定性观察两类。定量观察的目的是获得具体的数据，而定性观察的目的是圈定某种范围。

a. 定量观察：定量观察要求用具体的数据来描述事物的组成，并用精确的数据进行描述，可以得到更客观的结果，能够建立和分析变量之间的关系。定量观察适用于大规模的研究，需要依靠统计学方法来分析观察结果，凭借统计分析获得变量之间的关系，倾向于用统计学参数进行呈现和说明。定量观察的结果是精确的，更适用于倾向于理工科领域的研究，常结合实验、调查、统计来厘清研究对象。

b. 定性观察：定性观察涉及性质，是对事物的特征、性质和规律进行描述和解释。仅仅需要对事物的组成进行了解和确定事物的性质，可以通过图表、图像及文字来呈现最后的结果。定性观察的结果是模糊的，但胜在可以描述事物的性质。其更适用于倾向于文科类领域的研究，常结合访谈来对研究结果下定论。

② 按照观察者的参与程度，分为参与式观察和隐蔽式观察。

a. 参与式观察：是一种实地观察的研究方法，是观察者置身观察环境中，获得被观察者的信任，（作为参与者）参与当地实践活动，了解被观察者的行为习惯和关注的问题，并进行记录和分析，从而获取需要的信息的观察方法。参与式观察更容易得到被观察者的信任，获得隐蔽（非参与）式观察无法获得的资料。

b. 隐蔽式观察：是不暴露身份，不直接参与行为过程或与被观察者发生交互关系，通过观看或收听的方式收集信息，也可以通过单向玻璃观察或将信息采集设备置于被观察者所在的环境中进行信息采集，毫不干预被观察者的观察方法。

③ 按照是否借助中介物进行观察，可以分为直接观察和间接观察。

这是按照观察物是生活现象、研究目的本身还是通过观察物研究间接反映被研究对象的状况和特征进行的分类。间接观察需要经验和专业知识。如通过对用户图片日记或影像的观察，可以探察用户的生活方式，挖掘用户的需求，对比研究者的研究结果，可以发现研究者和用户的认知差距。根据观察介质的变化，应用不同工具作为中介进行观察，有很多观察方式，如文化探针、快照调查、日记研究、照片和影像调查、行为地图等。

直接观察是观察者亲自在现场进行观察和体验，包括清点、测量、测定、计量，记录获取第一手资料以期发现问题的观察方式。直接观察难免会因为观察者的状态和精力问题遗漏信息。间接观察依靠仪器设备或依赖第三方渠道进行辅助观察，如摄像机协助观察和记录。间接观察能够客观记录观察内容，方便利用观察记录反复研究以及从多个角度观察，但容易受仪器设备操作不当的影响，数据真实性可能受限。通过辅助工具如眼动仪追踪用户的视觉关注点，能够获取用户对产品形态或界面的关注度信息，但对眼动捕捉的数据解释会带有主观的色彩，而且工具比较昂贵。

如图 3-16 所示为对打蛋器进行分观察分析，寻找产品的痛点。

阶段	使用前	使用中	使用后
用户行为	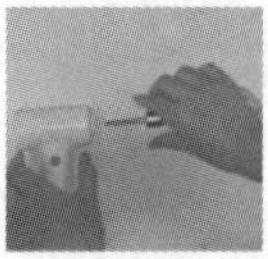 将搅拌头插入搅拌棒内，打开开关，调整挡位	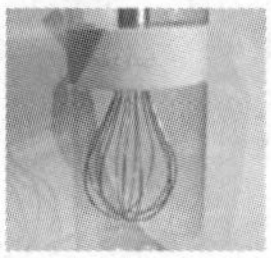  搅拌物体	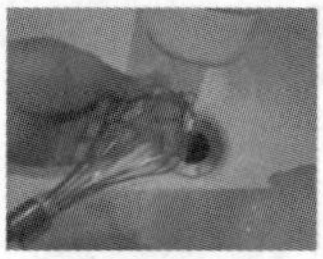 拆下搅拌头后清洗，然后收纳
痛点	①握持感较生硬；②调节挡位不够顺手	①噪声较大；②振感较为强烈；③使用过程中如果中止，放置搅拌棒不便	钢丝层中容易卡住搅拌物，难以清洗干净
机遇点	符合人机工程学的握持尺寸	①增加防振减噪装置；②增加可放置搅拌棒的附件	改变搅拌头形态

图 3-16 观察分析

（2）观察法的流程

① 明确研究内容和研究对象及地点；

② 确定观察所需的费用、时长，设计规范，筛选参与观察的人员；

③ 制作观察纲要、记录表格等，经用户许可对相关操作进行拍照和录像；

④ 仔细观察聚焦重点；

⑤ 结合访谈进行相关问题的记录，并进行整理、分析、分类、修正、整合以获取有用的信息，收集观察视频能够保存重要的素材及资料，为反复观察提供了可能。

（3）观察框架及观察数据呈现方式

形成观察框架，并根据观察框架记录观察内容。观察框架内包含条理清晰的观察研究内容和相关的信息，每一张观察记录都是后期数据分析的基础。记录时，应填好观察记录表格，表中应当列出观察对象与任务、观察日期、记录项目、分析小结等，记录项目是其中的核心，应该包括研究对象必要的外部形状和特征。常用的观察框架有：AEIOU 框架；POEMS 框架；移情图。

① AEIOU 框架。

AEIOU 框架从五个方面的内容关注用户研究以形成纲要。通过对 AEIOU 框架记录的分析和重组，挖掘活动、互动关系或用户需求，找到创新的方向。

a. 活动（Activities），是一系列具有目标导向的行为，对于产品来说是使用前、使用中、使用后的行为。

b. 环境（Environments），是产品使用的环境，包括活动发生的所有场景及场景中相关的事物。

c. 互动（Interactions），是人与人之间或者人与物之间的相互交流，是活动的基石，包括活动中人的行为以及行为激发的产品的反应，产品引起的人的应对行为。

d. 物体（Objects），是环境的基本组成部分，在复杂或者无意识的产品使用中有时是关键要素。其存在于环境中，影响人们对产品的使用。

e. 用户（Users），指的是行为、喜好和需求被观察的人。其是产品使用的主角，是用户研究的主体对象。

其标准的框架表达方式如表 3-1 所示。

表 3-1　AEIOU 框架表达方式

（Date）日期	Project Name(项目名称)	Research Type(研究类型)		
（Time）具体时间	Research Name(研究名称)			
Activities（活动）	Environments（环境）	Interactions（互动）	Objects（物体）	Users（用户）

从图 3-17 所示的例子看，从这款吸尘器使用的 AEIOU 分析中可以抓住一些设计上的问题。活动部分的观察内容可见，观察对象先清理床褥，然后更换吸头清理地面，针对不同的地面情况更换不同的吸头。床上用品的清理除螨和地面的清理都是同一个把手、不同配件，从卫生角度来看，把手的下半部分容易被扬起的灰尘污染，从情理上来说可能是一个需要处理的环节。分析中还发现，流程里缺少一个环节——清扫物的收集和处理。从流程上可以看到整个清洁过程的各种任务及切换，针对每一个环节进行分析，就有可能找到创新的方向。也可以发现吸尘器的工作对象切换顺序是床褥尘螨、地面灰尘、狭窄空间垃圾、动物毛发等，在进行吸尘器功能分析的时候可以针对这些内容物进行吸头设计的考量。环境包括声、光、电环境，可以看到除了清理的内容物外，还存在地上的玩具、物品，气氛也在环境的描述中出现，再加上阳光、噪声、家人的活动等，可以营造出围绕产品使用的场景，从而在分析中容易共情，容易发现问题。互动部分可以看到人和物、环境之间的互动，与家具产生碰撞、低矮家具底部无法清洁、床底深部无法判断清洁程度等问题也从分析和描述中呈现出来。从活动部分的分析中了解用户的行为，再从互动部分了解用户和产品之间的交互，从而获得对操作行为细节和具体步骤的逻辑认识。AEIOU 框架能够理性地将观察内容逻辑化，易于从中发现问题并探索用户和产品之间的矛盾。当然，要通过分析者的逻辑分析才能够将观察内容系统化、条理化。AEIOU 框架结合移情图，能够将用户的心理活动和感官体验结合起来。移情图倾向于对用户体验的分析，可以将用户的心路历程通过逻辑方法进行分析和整理，有利于抓住用户体验中的问题。

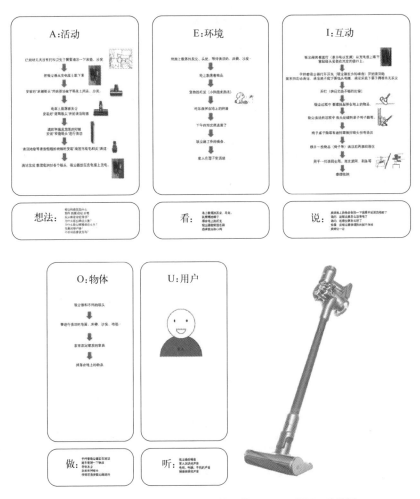

图 3-17　AEIOU 框架例子一：吸尘器使用 AEIOU 框架 + 移情图

如图 3-18 所示的空气炸锅的 AEIOU 框架因为对 A、E、I 的流程分析过于粗糙，要从观察框架中发现用户使用中的问题就很困难了；每一个环节都缺少实际操作的过程；观察的用户不够多，无法从足够的用户行为中发现与众不同的方面。比如在对空气炸锅的观察中，烘炸内容物的变化可能会导致行为的差异。比如，带骨头类的食物或者比较厚的肉在烘烤过程中需要将容器部分拿出对食物进行翻动，以使各个面受热均匀、成色均匀。如果在不同用户的观察记录中发现有个别用户有这样的行为，可以增加访谈的环节，询问用户是如何判断食物需要翻动的。如不同的用户使用的空气炸锅有设计差异，有的有视窗、有的无视窗，产品的视窗特征是否为产品需要的设计，可以通过访谈获得明确的答案。

DATE: 2022.3.7	PROJECT NAME: 空气炸锅的使用方法	TYPE OF RESEARCH: 对比空气炸锅的不同使用方法及发现问题
TIME:	RESEARCHER NAME: 鲁锶婷	

Activities	Environments	Interactions	Objects	Users
·进入厨房 ·找到空气炸锅 ·开始预热空气炸锅 ·准备食材 ·垫空气炸锅专用纸 ·开始炸制 ·炸制完成，取出食物 ·清洗锅和其他物品	·烹饪设备齐全的厨房 ·暖色的灯光 ·互相打闹的家庭成员 ·来串门的邻居	·期待美食的孩子 ·前来帮忙的邻居 ·正在工作的朋友	·空气炸锅 ·准备的食材 ·插座 ·空气炸锅专用纸 ·水龙头 ·抹布 ·一次性手套 ·盘子	·做美食的我 ·前来帮忙的邻居 ·想学空气炸锅的人

图 3-18　AEIOU 框架例子二：空气炸锅 AEIOU 框架

从图 3-19 所示的例子中可以看到，面包机的使用过程中，没有涉及所做面包的类别。结合对有面包制作经验的人和使用面包机的用户的访谈，可以对以下的问题做出探索并寻找面包机的设计方向。

Activities	Environments	Interactions	Objects	Users
准备食材（高筋面粉、鸡蛋、糖、酵母粉） 打开面包机盖子，将所需材料倒入内置容器 设置工作模式 完成后打开盖子取出面包 清理面包机	有插座且平稳的地方 厨房操作台（干燥） 工作开始提示亮灯 工作结束后的提示声音	人和面包机 人和面包机内置容器 人和准备的材料 人和插座 人和面包机按键	面包机 面包内部容器 面包机工作按键 需要准备的材料 准备材料的容器 插座	烘焙爱好者 家庭主妇 男性/女性

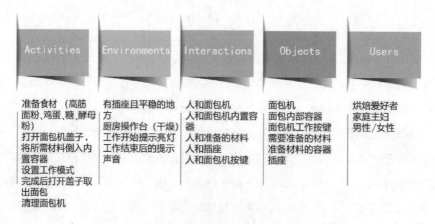

图 3-19　AEIOU 框架例子三：面包机使用 AEIOU 框架

a. 面包机所做的面包是否可以有风味差别？面包机是否可以控制面包类别，比如是否有控制键选择欧包、吐司？或者吐司口味是否可以变化？如何实现变化？

b. 从物料的控制来看，怎样控制物料添加？物料一次性加入和物料按步骤加入是否有差别？是否可以选择面包口感？是否只能出一种口味的面包？是否能够投料后全自动制作面包？

通过对以上这些问题的分析，可以清晰地呈现面包机的多维发展思路，拓展设计创新的视角。

② 移情图（Empathy Map）。

移情图是以信息图的方式将观察或访谈获得的信息进行整理和分析，引发研究者与用户共情，从而挖掘改善用户心路历程的方法。关注焦点在用户所看、所想、所说、所发生的情感变化，将整理的信息进行呈现，并且由这些信息分析出用户使用产品的痛点（图 3-20）。如图 3-21 移情图所示，对于用户体验研究来说，移情图可以从逻辑上了解用户的感官体验，容易激发研究人员与用户共情。

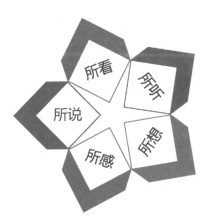

图 3-20　用户移情图

③ POEMS 框架。POEMS 框架用于对用户的交互行为，包括用户之间、用户与物品、用户与环境、用户与产品的信息交互情况，以及用户与围绕产品的相关服务进行研究。该框架致力于围绕情境中各种元素，包括人 (People)、物 (Objects)、环境 (Environments)、信息 (Messages) 和服务 (Services)，进行独立研究及关联研究。

POEMS 框架能够让产品超越产品本身，有效拓宽并打通更宽泛的情境中的服务、信息、环境和人的关系，并且将这些元素作为一个系统整体考虑（表 3-2）。

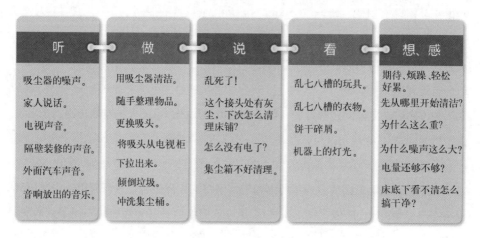

图 3-21　吸尘器移情图

表 3-2　POEMS 框架

研究目的		活动：		
日期和时间：		地点：		
人（主要使用人群）	物	环境	信息	服务

a. 人（People）：主要用户的人口统计特征、人物角色、行为特征、人数统计以及与产品相关的人。

b. 物（Objects）：用户在环境中进行交互的物品，如设备、器具、电器、工具、家具等。

c. 环境（Environments）：环境中的建筑、照明、家具、温度、湿度、氛围以及环境中的其他设施等。

d. 信息（Messages）：研究人们与物品之间信息传递和反馈的情况，包含信息内容、语气和接收信息的方式、信息反馈的方式。

e. 服务（Services）：产品相关的服务、应用程序、工具和框架。

POEMS 框架更注重信息的交互体验。而移情图将用户和产品及环境之间的情感体验作为重点进行研究，从而推断用户和产品、环境之间的矛盾。

3.3.3 访谈

访谈是调研人员根据研究的目的和要求与被访谈的用户单体或集体交谈，或以电话、网络方式与用户交流产品以及相关问题的系统而有计划的收集资料的方法。通过访谈可以深入地了解用户的意见、行为方式、动机，洞见产品使用行为背后隐藏的问题及探究成因。访谈适用于产品开发的全过程。在产品开发前，应获得用户对产品的评价及使用情境的信息，也可以通过与"极客"用户或者专家的交流，发现产品的创新方向；在概念设计阶段，可用于方案测试，获得用户对方案的意见，进行设计改进；在投产前，可以推测市场的反馈，预估产品销量。相对于观察，访谈可以更好地探察用户对产品或服务的态度。访谈可以配合观察了解用户的态度和体验感受，可以从用户的操作流程中发现产品和用户之间的问题并直接获得答案，可以发现不为用户所关注而实际上又影响用户操作的产品和用户之间的矛盾盲区。用户研究过程中，观察和访谈作为定性研究的有效方法，能够解释用户行为的理由和动机。用户知识很多来源于对用户行为和态度的理解和解释。

（1）访谈流程（图3-22）

① 确定访谈对象的标准，甄选访谈对象，明确什么样的人可以成为访谈的重点；

② 制定访谈话题提纲，列出访谈清单，并进行模拟，反复修正；

③ 确定访谈内容及访谈时长、访谈人数；

④ 选择合适的访谈对象，约定访谈时间；

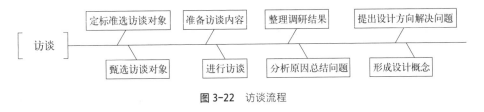

图 3-22 访谈流程

⑤ 实施访谈，控制访谈时间，进行访谈录音或者记录；
⑥ 访谈结束后，整理访谈记录，列出价值的信息；
⑦ 分析价值信息背后的问题和成因；
⑧ 洞见设计机会，形成设计概念。

（2）访谈注意事项

访谈需要技巧，要能够引导受访者自然而然地谈起访谈主题，并且能够在受访者超出话题时及时巧妙地将内容引回话题，确保受访者能够理解采访者提出的问题。采访者需要经过培训，访谈氛围需要营造，访谈时间要控制得当，可以适当提供视觉材料辅助访谈的开展。

① 选择合适的访谈地点。受访者熟悉的与产品使用关联的环境，既能够让其放松自己，又能够让其轻易开展自己的日常活动，有利于采访者结合观察发现问题，并就问题对受访者进行提问，以获取相关信息。

② 访谈前需要对受访者进行初步了解。了解受访者的生活背景，为访谈的循序渐进提供合适的话题，打消受访者的戒备心，拉近与受访者的距离。同时，采访者也要对所调研的目标领域有充分的知识准备，可以随着访谈的展开，将所关注的问题融入访谈内容中，并获得积极的响应。

③ 访谈前规划清晰的思路和重点。对期待了解的问题能够合理分配时间，规划好重点的内容和必要的内容，控制访谈的方向；能够围绕主题掌控访谈的主动性。

④ 访谈过程保持轻松友好的氛围，注意张弛有度，掌握问题的界限。规避商业机密和竞争情报，注意保护用户的隐私，避免受访者紧张。前期准备应该心中有数，根据预先对受访者的了解，通过受访者感兴趣的话题打消受访者的顾虑。对用户研究有重要影响的问题，如果会引起受访者反感，可以用投射法进行评估。

⑤ 用心聆听，认真记录。避免采访者的个人观点影响受访者，让受访者畅所欲言。鼓励受访者将自己的亲身体验和故事讲出来。以客观、中立的立场进行提问和解释，避免采访者的态度或表述误导受访者，导致未能获得受访者的真实想法。

（3）访谈形式

① 按照访谈内容是否标准化，可以将访谈形式分为结构化访谈、非结构化访谈、半结构化访谈。

a. 结构化访谈也称为标准化访谈，提出的问题、问题的顺序和方式、受访者的回答记录都保持形式上的高度一致，问题一般采取选择题方式，以利于统计分析。该形式对采访者的经验没有太高要求。

b. 非结构化访谈需要采访者具有很高的技巧，能够根据交流过程中谈及的问题灵活控制而不偏离主题，还能够敏锐地发现问题。受访者可以自由作答，采访者能够从交谈内容中获取想要的信息。

c. 半结构化访谈介于结构化和非结构化访谈之间，有适度的灵活性，但有固定的提问项目。

② 按照访谈方式的差异，访谈形式可以分为深度访谈、焦点小组访谈、街头访谈、内省法、投射法等（图3-23）。其中，获取信息最有效和相对客观的是深度访谈和焦点小组采访。两者的主要差异在于受访对象的人数，深度访谈以1对1的方式进行，而焦点小组访谈是以小组座谈的方式进行。

a. 深度访谈更容易深入了解受访者的真实想法，也可以谈论私人话题，减少了受访者的顾虑，得到的信息更客观，并且可根据受访者的反应及时调整问题的深度或问题的广度，但相对于焦点小组访谈来说，需要训练有素、培养得当的采访者，而且时间和经济成本较高，受访者数量有限，不利于得出客观的数据和具有普适性的信息，适用于专家或精准定位的品牌忠实用户或产品的"极客"。

b. 焦点小组访谈是精心挑选6~8个调研对象进行集体访谈，对产品、服务、设计概念等进行态度研究，为市场开发和品牌发展、产品策略提供深入的意见反馈研究，不适合进行产品的可用性测试和用户与产品交互测试，小组成员容易受到其他成员的影响。焦点小组访谈适合设计师理解用户需求，了解用户生活方式，以及了解用户与产品交互和用户的文化背景。

c. 内省法：来源于心理学，是要求受访者报告他们自身的心理活动或行动记录，从而获得用户行为的理由或感受的一种自陈式调查方法。文化探针法（Cultural Probes）、放声思考法（Think-aloud Protocol）等方法都属于内省法。

d. 投射法：来源于心理学，是通过非结构化、利用介质询问，激发受访者投射出潜在的动机、信仰、态度或情感，通过照片、故事、录像、绘画等介质以第三者视角探察受访者态度的一种方法。常见的投射法有罗夏墨迹测试、句子完成法、口头报告法、卡通试验法、图画回答法等。

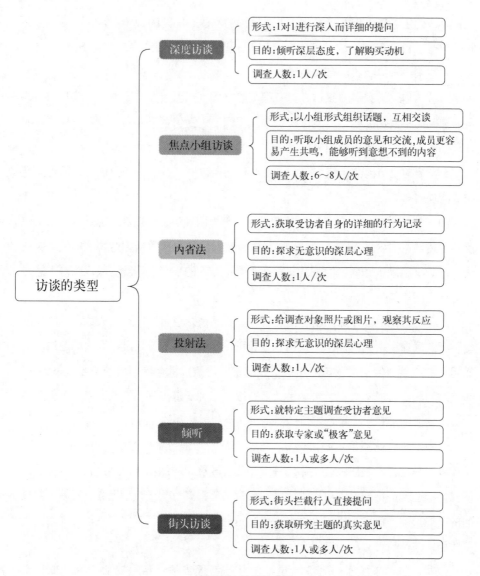

图 3-23 访谈的类型

（4）访谈的案例

为了进行筋膜枪（如图 3-24 所示）设计，以"5W2H"为框架进行访谈调研。

① Who

筋膜枪使用人的年龄、性别、职业、家庭相关情况、爱好，以及与筋膜枪关联的日常故事。

图 3-24　飞利浦筋膜枪

自用？他人协助下使用？协助人职业、年龄、性别、职业、使用经验？使用体验？

谁推荐使用筋膜枪？谁推荐该品牌的筋膜枪？推荐理由？推荐人的年龄、性别、职业、使用经验？使用体验？

最喜欢以什么方式操作筋膜枪，为什么？

最喜欢给谁用筋膜枪，为什么？

② When

什么时候开始使用筋膜枪？第一次使用筋膜枪的原因？第一次使用筋膜枪的情形和相关故事？

日常习惯在什么情况下使用筋膜枪？运动前？运动后？工作后？放松时刻？使用的情形和故事。

一周要使用几次？具体什么时间？

③ Where

在哪里使用筋膜枪？使用环境的描述？使用流程的描述？场景感觉？家里用？训练场所用？户外？室内？使用有无差别？差别在哪里？

筋膜枪收纳在哪里？收纳情形和照片？

使用过程中，筋膜枪放在哪里？怎么放？

筋膜枪在居所中如何收纳？在训练场所如何收纳？在户外如何收纳？

④ What（What kind of…，偏好）

喜欢什么品牌的筋膜枪？

喜欢什么样把手的筋膜枪？筋膜枪有多少种结构形式？

喜欢什么颜色、什么材质、什么风格的筋膜枪？

喜欢用筋膜枪来放松什么部位的肌肉？

喜欢什么尺寸的筋膜枪？

喜欢如何携带筋膜枪？

使用后会对筋膜枪做哪些收纳、养护、清洁工作？

什么情况下会处理掉筋膜枪？损坏？

一般损坏维修的部位？

一般使用哪几个附件？对喜欢的附件排序。

不同的附件一般怎么使用？使用情形描述。

筋膜枪是否除了放松肌肉还有其他用途？举例说明。

使用_____筋膜枪给你的感觉是什么？描述一下：_____。

用完筋膜枪的感觉？

筋膜枪使用前肌肉的感觉？

你的筋膜枪的重量？

你的筋膜枪的尺寸？

你的筋膜枪的振动频率？是否可调？你最喜欢哪个频率或挡位，为什么？

男性和女性使用筋膜枪有无差别，为什么？

不同年龄段的人使用筋膜枪有无差别，为什么？

⑤ Why

为什么使用筋膜枪？

为什么收纳在这个位置？为什么这样收纳？

为什么会协助他人使用？

为什么喜欢在运动前/运动中/运动后/工作后/工作中/休闲时使用筋膜枪？

为什么会在这个场合/地点/情形下使用筋膜枪？

为什么会这样携带筋膜枪？

为什么最喜欢某个配件？

为什么选择这个尺寸的筋膜枪？

为什么选择这个颜色/材质/处理工艺的筋膜枪？

为什么选择某种颜色的用户较多？

为什么选择某种材质感觉的用户较多？

筋膜枪的重量感觉：_____kg 的筋膜枪让手掌人体工程学数据为 ___ 的人觉得过重，握持不住？

筋膜枪重量和使用者放松肌肉的方式有什么关系？

筋膜枪重量和使用者放松肌肉的类别有什么关系？

筋膜枪重量和使用者放松肌肉的时长有什么关系？

筋膜枪的尺寸感觉：直径 ____mm 的筋膜枪让手掌人体工程学数据为 ___ 的人觉得过大，握持不住？

筋膜枪尺寸和使用者放松肌肉的方式有什么关系？

筋膜枪尺寸和使用者放松肌肉的类别有什么关系？

筋膜枪尺寸和使用者放松肌肉的时长有什么关系？

长度为 ____ 的筋膜枪让手掌人体工程学数据为 ___ 的人觉得过大，握持不住？

⑥ How

如果让你重新对筋膜枪进行选择，你会选___（材质 / 颜色 / 表面处理 / 形态）？

筋膜枪怎么携带，为什么？

你怎样判断筋膜枪使用过程中的各种信号？

如何解读筋膜枪的信息和操作，为什么？

如何握持筋膜枪？

使用过程中如何放置筋膜枪？

使用后如何放置筋膜枪？

针对不同的运动类别、不同的肌肉群如何调整筋膜枪的使用方式？各种方式怎么放松肌肉？

如何判断和选择挡位？

⑦ How much

调研的用户选择哪种价格的筋膜枪？结合人口学特征分析原因。

哪一种价位的筋膜枪选择的人最多，为什么？

高端价位的筋膜枪的造型风格和材质特征？高端的原因？

中端价位的筋膜枪的造型风格和材质特征？中档的原因？

低端价位的筋膜枪的造型风格和材质特征？价格便宜的原因？

什么人喜欢选择高端价位的产品，为什么？

什么人喜欢选择中端价位的产品，为什么？

什么人喜欢选择低端价位的产品，为什么？

3.3.4 卡片分类法

卡片分类法是让用户将具有信息结构代表性元素的卡片进行分类而获取用户知识逻辑以及需求分析等关键信息的研究方法。卡片分类法是以用户为中心的方法，可用于设计的任何阶段，助力信息的组织、整理、分析，更好地理解和发现其中的关联和模式。卡片分类法适用于小组讨论和分析信息，可厘清内容相关性，寻找关键问题。要求在了解整体情况的基础上，选择代表性的元素，并用简练的词汇或语句进行描述，将关键词、关键信息写在卡片上，厘清问题的归属和核心本质，集中发现解决问题方向。

3.4 用户研究结果的呈现

为了方便整个开发团队沟通，将用户研究的结果表现出来可以更容易获得共情，最常用的有两种方式，即角色法和情境故事法。角色法可以将典型用户的具体人口学特征和环境、活动以图片形式呈现，使得观者沉浸其中，容易获得与角色共情的体验。情境故事法则是以一系列漫画故事或者连续的动作行为形式，将用户使用产品时的遭遇及痛点、期待解决的问题以及设计师对问题的解决方案，以故事形式呈现，促进用户及设计团队对于设计概念的理解。

3.4.1 角色法

经过用户研究，对于目标用户群的需求和特征有了比较明确的了解，可以通过分类，将具有相似的目标、观点和行为的人规划到特定的用户群中。而用户角色就是这些用户群的集中呈现，每一个用户群可以设定一个角色，赋予角色姓名、照片、人口学特征、产品使用的相关信息，并通过故事讲述使用产品的遭遇，从而提出问题。用户角色常用于呈现用户的目标及需求，助力其他用户研究（如任务分析），可根据角色选择目标用户进行产品可用性测试。

研究用户角色的目的是建立用户模型。用户研究的重要内容就是发现目标用户群，并通过目标用户群的特征，创建典型的用户角色。角色是代表大多数用户的特征的原型用户。设计师可以通过角色法深入理解用户的需求和用户目标，进而更好地满足用户需求，实现企业的商业目标。在设计过程中代入角色，可以让设计团队通过角色来分析产品的需求，减少其他研究方式带来的资金、成本问题，完善产品设计。角色法也称为人物画像法。

产品设计中的角色整合具有用户的需求和人口统计学特征，既可能是用户研究中的具有代表性特征的真实人物，也可能是整合了用户研究中发现的用户特征和需求的虚拟人物。角色是设计的指向标，根据角色构筑产品的生态系统，围绕角色来设计所需要解决的问题。

在用户调研中，采集了不同用户的态度、生活方式、产品使用体验、对产品的需求和期待，整理成明确的需求，一个角色代表了一类具有共同特征的目标用户，他们的需求集中反映了真实用户的需求。在设计过程中，设计师由此形成设计目标，提取关键信息，并且通过角色理解和细化各种需求。角色法结合了用户的角色刻画以及用户使用产品的情境的营造，把观察到的用户使用产品或者产品原型的体验，通过焦点用户以形象的方式呈现出来，从角色的角度对产品或者用户的行为进行推断，引导设计的走向。在设计过程中，这能够引发设计团队委员共情，最终设计出获得用户认可的产品。

角色的塑造也可以为定义和选择目标用户、进行深度调研提供模板和参照。在设计过程中，角色也是可以进行相应调整的。角色法在设计、测量和沟通交流中可以聚焦目标用户，有利于设计团队的沟通，也能够方便设计人员与用户进行沟通。

（1）角色的塑造

角色的塑造应该包括其人口统计学特征，使用产品的经历、经验、态度，以及对影响产品发展趋势的事件的态度和主张等内容。角色应是个性鲜明的个体，能将用户需求用关键词或关键语录凸显出来。

塑造角色的需求、行为模式、态度有两种方式：直接方式，通过观察或访谈获得的用户研究数据，通过研究数据分析的结果塑造；间接方式，作为补充方式，从维修人员、销售人员、技术人员、专家等非用户的渠道获得的信息进行补充，完善直接方式无法获得的信息。通过对以上方式获得的数据进行定性分析，明确角色特征和细分类别，用户调研数据和角色之间的关系应该能够在报告中清晰呈现，否则角色的塑造难以获得成功。一个设计方案中塑造的角色应尽量集中、聚焦焦点用户，以焦点用户为中心，最好不超过三个，以避免过于分散而使设计需求产生混乱、设计目标产生冲突。当然，用户的知识水平有差别，设计者可以区分新手用户和专家用户来规划产品。

（2）角色画像

围绕用户的人口学特征并且对用户的个性、使用产品的故事进行描述，最好辅以具有代表性的人物照片，可以使角色丰满，容易获得用户的认同。

① 文字描述法。

指直接用文字叙述方式创建角色。描述内容有姓名、性别、职业、家庭情况、家庭成员、家庭住址、收入、生活和工作中遇到的与产品相关的典型事件及使用体验，以及角色对相关产品的需求和期待。可以增加事情发生的场景，角色的周围人物介绍，角色的心理、表情、动作等的表述，用户的穿着、语言描写、环境描写。这样可以使人物刻画得更为生动，个性更加鲜明。如图 3-25 所描述的王女士："王女士结婚后就在家当家庭主妇，平时主要是带孩子和做家务，家里的子女和小狗都非常活泼。王女士比较爱干净，几乎每天都要打扫卫生。王女士长期做家务导致腰不是很好。这几年王女士用了吸尘器来打扫卫生，虽然轻松了不少，但是在清理床底等低矮的地方时还是经常要弯腰来清理，这使她感到很苦恼。王女士希望有适合的吸尘器帮助她在清洁家里卫生时不用经常弯腰，这样可以轻松地打扫卫生。因为家里养了宠物，希望能检测被清洁物体的卫生情况。"

图 3-25　用户画像（1）

还有图 3-26 所示的 LangLi，"她从事设计师工作十几年了，在工作期间由于工作压力，患上了高血压，因此需要在规定的时间每天进行血压测量来确定身体是否健康。"

经过描述，这两个人物都很有代入感，可以通过角色画像的描述，由描述的情境导向用户对他们遭遇的问题的感同身受,激发用户对产品功能的迫切需求。

② 图片描述法。

用能够表现角色外貌、个性、年龄、身份、情绪、生活环境的图片描述角色。可以用真实人物特写、物品特写、环境特写、漫画、虚拟模型照片来表现。图片描述可以包括:描述人物个性的表情、物品、环境;描述生活环境的行为活动、情境、物品等。如图 3-26 所示的人物图像的描述与其身份年龄匹配。

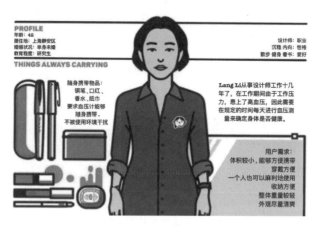

图 3-26　用户画像(2)

3.4.2　情境故事法

情境故事法基于产品使用过程研究的情境故事将人、产品与环境之间的关系通过故事脉络进行描述,以利于说明产品的概念与设计方向。情境故事法是基于对真实的生活情境的观察,探索发现产品和人、环境和人之间的矛盾,在情境故事中提出问题或解决问题,探索或呈现解决方案。探索解决方案时,设计师将现实的产品代入未来的使用情境,结合操作分析和使用环境,将用户调研中发现的信息整合起来作为创新的突破点。设计师借由虚拟的情境,发挥想象力,聚焦使用者的需求和产品之间的矛盾,对未来的情况进行预测,能够将产品的重要因素在情境故事中集中分析和处理,实质也是关于以用户为中心的产品的逻辑推演。由情境故事测试用户的体验和需求,推进产品开发。

(1)情境故事的脉络

情境故事的脉络围绕"人、物、环境",以人、物和环境的交互活动展开剧情。

情境故事又称剧本导引法，剧本围绕"起、承、转、合"四个步骤展开。

①起：是关于背景的介绍，基于前期调研的数据来进行。包括生活形态、技术趋势、市场定位、社会趋势等数据。合理选择角色，将角色置于活动情境中使用产品的行为通过情境故事发展表现出来。

②承：通过不同类型的剧本，把使用情境、交互模式、关键问题等内隐的知识外化，并引导出对问题的解决方案。用户使用产品遭遇挫败的负面事件形成"麻烦剧本"，用户对产品的正面期待形成"梦想剧本"，在展开剧情之前就应该明确剧本的基调。

③转：将使用过程的故事，特别是遭遇困境或对困境的解决表现出来，结合任务分析可以对产品设计进行构想，由此规划形成设计概念，或者通过故事进展在用户和产品的交互中提出解决方案。

④合：通过剧情发展将设计概念转化为具体的产品，结合产品的营销策略或规格等呈现给用户，进行测试，完成整个设计过程。

（2）情境故事的类型

情境故事可以用文字描述，也可以通过画面可视化呈现。情境故事基于对用户的观察和理解，并且将他们在使用产品时的遭遇用可视化方法进行表现。其中，用户的特性、事件和产品及环境之间的交互需要通过可视化方法来分析，可以是手绘、录像等，可以通过文字描述、重点突出的图画、概念示意等方式深入描述产品和人之间的互动关系。

①情境故事文字描述。通过文字形成剧本，描述产品的故事。情境故事的文字描述也是情境故事的剧本。其应当侧重于以下几方面的表达：

a. 产品使用的环境。确定用户后，选择恰当的场景结合产品的使用来表现，可以通过任务分析细化每一项任务发生的环境。

b. 人和产品、环境之间的交互。通过三者交互的矛盾，推动情境故事展开故事情节并达到高潮，提出使用的问题。

c. 用户的情绪变化。用户在产品使用过程中的情绪随着故事的发展不是波澜不惊的，而是应该随着故事的发展产生变化。在描述中也应该将用户的情绪变化呈现出来。

② 情境故事画板描述。以图画的方式描述围绕产品使用形成的故事。文字描述是单调的，有时候很难引起阅读者的共鸣，而以图画方式描述可以让人秒懂并迅速共情，表现方式简单、清晰，富有趣味。在产品设计中，经常通过一帧帧图片形成情境故事画板来提出产品的痛点或者交代产品设计构想中解决问题的方式，利于设计团队、用户的理解。情境故事画板形象、代入感强，让人记忆深刻，容易通过同理心引起共鸣，提升观看者的参与感，从而有效地测试用户对产品的期待和需求，提升新产品的成功率。情境故事画板是一种有效、便捷、成本较低的探索用户体验的方法，在视觉上进行预测，提升用户体验。情境故事画板通过图的形式表现设计概念的来龙去脉或者产品使用方式的变革，在绘制过程中需要细心组织情境故事画板的内容，并且精心描绘，有效传达信息。

（3）情境故事画板的内容

情境故事画板需要表现出以下几方面的内容：

① 情境中的人的描述。包括人的人口统计学特点，人物的表情，语言的描述，对产品的期待。人物的表情和语言在图片描述中起到点睛作用，可以随着情节起伏跌宕而助推和突出观看者情绪的变化（图3-27）。

② 情境的描述。根据环境与设计目标的远近关系进行描述。可以包括建筑环境、设备环境、软件环境、物品环境等，还有情境故事发生的地点、时间。

③ 情节的描述。产品与人、环境的互动描述。根据表现需要，可以从用户执行的任务、行为、操作等内容与设计主题的关系中选择重点进行表现。包括时间脉络、事件线索以及可能的结局。

④ 结局：突出问题或问题的解决方法。比如人机工程学问题。

（4）情境故事的导向

情境故事的描述可以导向不同的结论。

① 引出问题，提出需求。这种情况下，可能没有产品和人的矛盾，存在情境对产品的需求，需要构建一个新的产品设计概念，展望新的设计。包括人们使用产品的目标、期待的产品使用方式及使用某个产品的原因。

② 突出已有产品与用户之间的矛盾，引发设计需求。突出人和产品的矛盾，引发设计思考，包括产品特征与使用属性的原有形态之间的矛盾。

③ 新的产品设计概念中用户与产品的交互方式。很像是产品的说明书，指导产品的使用方法，一般来说是已经构思设计了新产品，要交代新产品的优点和特别之处。

图 3-27　情境故事

用户如何理解产品，产品的使用如何影响产品与用户的关系，人、物质、文化、历史的交流、交互过程中的矛盾，推动了情境故事的高潮。情境故事要有吸引力和可信度，内容就必须基于用户调研分析，以具有真实性，尽量采用朴实、客观和有代表性的情境，并且简洁不拖沓，与内容无关的语句和图片都不出现。在情境故事中通过语言对话、情绪变化、情感交融使人物形象鲜活生动。

（5）情境故事画板的绘制流程

① 了解用户的个性。说明用户是谁，用户需要什么、想做什么。用户故事来自前期的用户研究。

② 罗列事件。拟定情境故事的角色、事件、地点、时间，通过将事件的主要经过罗列出撰写故事分镜，通过快照方式展示不同的时间地点、用户与产品发生的关联。可以制作框图，抓住事件发展关键步骤填入其中，标注人物情绪，备注关键点，并通过筛选整合分镜故事。

③ 故事高潮塑造，出现危机。通过不同场景的分镜头，分析用户和产品之间的交互困境，交代问题导向可能的解决方法的构想。

④ 提出新设计方案，出现转机。让构想在新的故事中验证，并进行评估。

⑤ 明确结局。三种类型的结局：

a. 提出需要解决的问题及解决这些问题的好处，提出产品的概念。（问题剧本）

b. 模拟解决方案，交代产品的新使用方法。（方案剧本）

c. 产品的概念提出的情境和产品的新使用方法并存。（问题+方案剧本）

3.4.3 角色法和情境故事法的优缺点

角色法和情境故事法都可以对用户研究的内容进行形象表达，两者的目标都是呈现用户的需求和期望，但在使用过程中也受到很多限制。角色法主要在产品开发前期使用，提供用户需求信息，指向用户；情境故事法适用于产品开发中后期，提供产品的情境，指向用户所处的情境，更易于表现用户与产品及环境之间的交互和问题。两者都是以用户为中心的研究结果的有效表现方式。两者的优缺点见表 3-3。

表 3-3 角色法和情境故事法的优缺点比较

优缺点	角色法	情境故事法
优点	①利用角色减少设计师个人的主观偏见，易于在设计团队内达成一致 ②角色可以使用到情境故事剧本中	①能够对未来情形进行推测 ②能够将产品设计重要的影响因素集中表现，并进行协调分析 ③推理过程逻辑性强

续表

优缺点	角色法	情境故事法
缺点	①具有主观色彩，角色难以让人信服 ②传达和沟通角色需要额外付出 ③角色模型的正确应用有难度 ④不同角色之间可能存在冲突 ⑤角色法需要企业资源以及管理层的支持	①研究过程烦琐 ②近期效果不明显 ③受企业设计流程模式制约

两者使用目的有差别。角色法主要用于引导设计者和决策者，使他们对设计过程中的每一项决策都能尽量保持一致，让目标用户满意；而情境故事法更注重框架的构建，有利于分析和评估产品的概念以及设计方案是否达到用户的预期。

两种方法繁简程度有差别。角色法的使用相对简单，容易与其他工作接轨；情境故事法受到企业设计流程模式限制，但使用方便，可用于预测评估。

两者使用效果差异明显。角色法见效快，能用于不同的设计思维，由于角色建立的方法相对主观，难以让人信服；情境故事法逻辑严密，有说服力，远期效果比近期效果明显。

产品简单，只需模拟角色身处的情境，共情产品的需求，适合用角色法；致力于预测未来生活方式进行新产品开发，适合用情境故事法。

3.5 以用户研究为基础的人和产品系统分析

人和产品的互动是产品设计研究和用户研究的重点，常常通过功能分析和任务分析来梳理和挖掘问题。

3.5.1 功能分析

功能分析常用在创意起始阶段，忽略产品形态和材料等具体表现因素，去除表象，给产品一张"黑白照"，将产品的功能和部件关系进行梳理。它是一种分析产品功能、结构和零部件的方法，可以帮助设计者寻找创新的机会，以改变产品原有功能的执行方式或者构思新功能。在这个过程中将功能抽象化，并且分析和呈现系统中各功能的相互关系。

（1）功能分析的主要流程

① 聚焦产品功能的实现和相互关系，剥离产品的外在表现因素。

② 通过思维导图或其他逻辑方式梳理功能之间的关系和层次。

③ 整理产品主功能、次功能、辅助功能,功能和结构的对应关系,用图形表现功能层次,直至将功能与零部件建立一一对应。复杂产品的功能结构图可以按照任务执行的时间顺序绘制,再将不同功能的物质、能源、信息按功能层级对应,厘清关系。

④ 绘制、呈现功能结构图,添加易忽略的子功能,反复调整子功能的顺序,拆分合并个别功能,直至功能结构脉络清晰,并且最简洁。

(2) 功能分析案例

如图 3-28 所示,将榨豆浆的需求分为五个功能,包括提供能量、粉碎豆子、使用安全、易于清洁、使用方便。每一个功能又分为若干的子功能来保证一个功能系统的实现。功能分析中,不同功能之间的关系不通过时间轴来表现,但是根据操控的流程有一定的逻辑顺序。图 3-29 所示吸尘器的功能分析中,将主功能分为了四个子功能。最主要的功能为吸尘和除螨,能量和设备清洁作为辅助功能,以保证主功能准确有效地实现。其中,根据清扫内容物和清扫情境的变化,吸头的差异也能够在功能分析中一一罗列,逻辑完整。图 3-30 所示便携式搅拌机的功能分析中,未能从使用前、中、后三个阶段的功能需求仔细推敲,忽视了搅拌机的清洁和收纳问题,分析基本指向执行功能的部件以及执行功能的动作。图 3-31 所示为声像仪的功能分析。

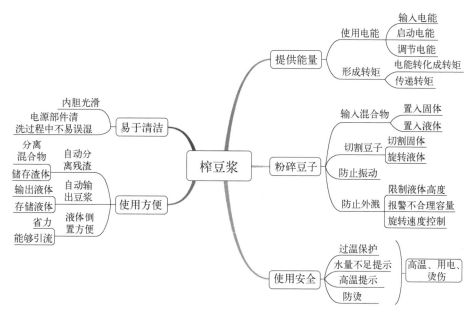

图 3-28　豆浆机的功能分析

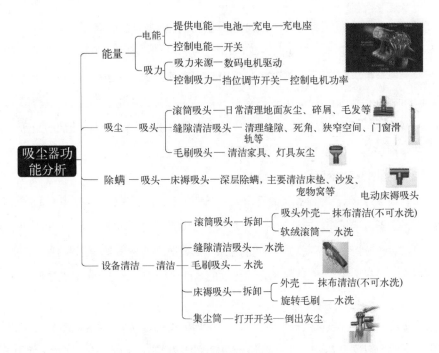

图 3-29　吸尘器的功能分析

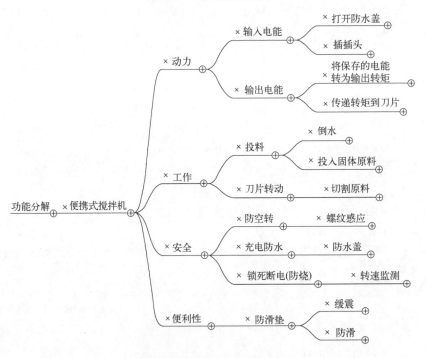

图 3-30　便携式搅拌机的功能分析

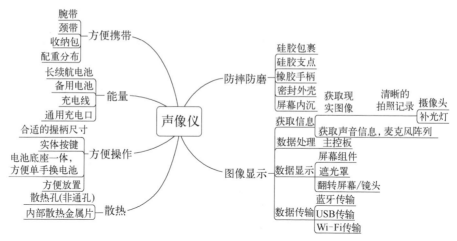

图 3-31 声像仪的功能分析

3.5.2 任务分析

任务分析是将用户执行任务的过程复盘，对与不同的物、不同的环境交互的行为、步骤进行梳理和分析，从中找到遗漏或有问题的细节，从而导向产品优化设计的方法。获取用户知识的过程中，产品开发人员不得不对用户和产品产生交互的过程进行研究。而要将用户执行产品使用任务的细节逻辑化、条理化，就不得不借助任务分析法来整理相关的任务执行过程。

设计过程中，设计者对产品的使用过程、功能进行了深入的了解，也从用户研究中获取了用户知识，然后将用户知识整合迁移到产品设计过程中，通过功能分析把用户知识融入产品中，最后根据用户需求去规划产品的设计开发。用户知识存在于人们的大脑中，在执行任务的过程中，其成为用户完成任务步骤的逻辑。习以为常的操作很难进行深入的观察及清晰地讲解，通过访谈或者观察法来获取用户知识很困难，但在用户研究又很需要了解用户操作。将这些操作具体化、条理性呈现，有利于对产品的功能和用户进行细节复盘，为设计提供参考。

任务分析时拆解了用户工作流程中的构成要素，包括行为和互动、系统反应和环境背景。与功能分析不同，任务分析关注人的行为、物的行为、人的行为产生的结果、物的反应、系统的反馈，以及任务发生时的情境。任务分析可以通过流程图或其他具有逻辑性的视觉方式呈现任务、子任务、关键决策点、人和物的互动、系统的反馈方式。任务分析适用于很多领域。

（1）任务分析流程

在产品设计中，常用任务分析法来对任务过程进行解读。任务分析流程如图 3-32 所示。通过任务分析将用户行为拆分成不同的等级，按照逻辑顺序描述为不同的等级结构，逐步拆解任务的计划和顺序。由任务目的为起点创建任务等级，为实现共同目的需要执行的同等级任务列为一个等级结构，为完成上一等级结构所产生的任务为次一级等级结构，直至任务完成。产品的使用过程、每一个过程人与物的互动、系统的反馈，通过任务分析的等级结构可以清晰地呈现，并通过任务执行最终将用户知识和用户体验以逻辑图的形式呈现出来。

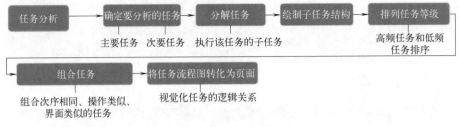

图 3-32　任务分析流程

① 分解任务分清主次。

首先需要将任务分解成执行任务子目标。如扫地机器人为了完成扫地，需要实现扫地、路径识别、集尘、除尘、供电、避障等不同子目标。

② 任务分类。

以目标为纲，对完成任务目标的各种行为进行分类和逻辑分析，使得执行任务的过程清晰明了。总任务由子任务来实现，子任务可以根据任务分解中的行为目的、方法、线索、选项等进行分类。

③ 细分层次。

将构成一项任务的各种行为分出层次，如扫地机器人的扫地模式根据差异需要匹配不同的清扫方式，如普通尘屑和会缠绕的毛发的处理方式就有很大的不同，尘屑靠边刷清扫并吸入集尘箱，而毛发需要依赖吸口配合滚刷来进行清理。

④ 呈现。

用思维导图等具有逻辑性的图形将任务分析各部分内容的关系进行呈现。

⑤ 验证。

最后可以通过流程测验对任务执行的情况进行验证，查验任务完成过程中缺失而又必需的部分，完善产品完成任务的各个环节。

（2）任务分析案例

任务分析包括三个阶段：准备阶段、使用阶段、结束阶段。从声像仪的任务拆解可见任务分析在设计中的应用。

① 案例1。声像仪任务分析如图3-33所示。

图 3-33　声像仪任务分析案例1

案例以流程方式把声像仪的执行过程按照时间轴进行了分析，是标准的任务分析方式。

② 案例2。从图3-34所示声像仪设计的案例来看，每个阶段包括其他诸多相关内容，分析更为精细。

图 3-34　声像仪任务分析案例2

a. 准备阶段任务分析。

使用产品前有一些工作需要提前完成。在准备阶段，对产品启动的辅助行为可能对于产品设计来说也有重要的价值，如表3-4所示。挂带对于声像仪的保护防摔来说有重要作用，而声像仪的电力准备也是启动工作的重要一步。

表 3-4　准备阶段任务分析

用户目标	从包中取出工具并采取安全保障措施（锁定、绑定）	补充电能	启动检测系统
人机互动	拿出挂带和声像仪，将挂带固定在声像仪上，然后将挂带挂于脖子上或者固定在手腕上	电线接入电源或者装入充满电能的电池	按下开关按键
交互部位	工具包、声像仪把手、挂带	移动电池/充电线	开关按钮
功能要求	用于随身物品收纳的工具，安全保护工具	可以补充电能：外接能源或可拆卸电池	交互硬件开关
痛点	挂带操作复杂	无法得知电池使用前是否有电	在暗环境下看不到开关键

b. 使用阶段任务分析。

对声像仪执行任务过程中的行为进行分析，探察声像仪使用过程的痛点，并且对任务执行的不同方式、不同行为进行比对，从而确定最佳的执行任务方式（表 3-5、表 3-6）。

表 3-5　使用阶段任务分析 1

采集步骤	先大范围多点扫描记录位置，拍摄		再小范围单点检测，精确故障位置，拍摄	
动作分析	在这个过程中，手臂和身体不停地变换角度与高度以寻找泄漏点；手触屏幕切换波段、手触屏幕一键拍摄并且命名		在确定的故障点，握持声像仪保持静止状态，同时手触屏幕调整波段频率与界面大小，完毕后拍摄并命名	
双手持设备		双手持的情况下，转动时会联动整个躯干，否则角度与幅度会受到限制		双手持更加稳定，在静止状态下手臂负荷相对较小，但是界面交互不灵活，使用大拇指触屏
单手持设备		单手持在大范围扫描时更加灵活，可正、侧身扫描		单手持时，手臂负荷较大，但是更方便双手进行界面交互，例如触屏按键输入
结论	单双手操作在检测过程中并存，拍照功能使用频繁，小臂的静止动作贯穿整个流程			

表 3-6　使用阶段任务分析 2

用户目标	大范围长时间检查时，单手或者双手拿声像仪，使用多点检查，实时调整波段，让图标更明显，找出气体泄漏部位，拍照并且命名		找到泄漏点后，调整为单点检查和调整相机距离，确定精确位置并且拍摄、命名，记录工作日志，重复以上操作
功能要求	产品		防摔功能：手链、挂带、硅胶套；戴手套作业时也可以轻松触屏；长时间操作需暂时休息：支架、悬挂式
	界面		1. 电量显示；2. 画面放大；3. 多点/单点检测模式切换
痛点	长时间工作，手臂易疲劳；拍照键需触屏		

c. 结束阶段任务分析。

在任务即将执行完毕时，有很多细节也需要给予关注，产品的一些细节问题会在这个阶段的任务中出现（表 3-7）。

表 3-7　结束阶段任务分析

用户目标	将数据上传至查阅工具，进行进一步分析	补充电能
人机互动	将声像仪上的接口的遮盖打开，用数据线连接声像仪和U盘，将数据传输至查阅工具，或者在对应软件上查看拍摄的图片	将电池从声像仪中取下，更换备用电池或者将电池插入充电基座进行充电
交互部位	声像仪转接口的遮盖、数据线、U盘、查阅工具/软件	移动电池、充电线、无线充电基座
功能要求	内置存储模块，可导出数据，包含声音、图像数据；耳机接口，数据接口；接口遮盖；防灰防水	有可替换的电池 电池轻便、续航能力强 电池拆卸方便、省力 充电基座可同时充多块电池
痛点	数据线接口位于声像仪上侧，使用过程中会阻挡屏幕视线	基座需要在固定的水平面上使用

3.5.3　用户旅程地图

用户旅程地图将用户在使用产品或服务时各个阶段的情感、目的、交互、障碍以产品使用事件的时间轴呈现，帮助设计者解读用户在产品使用过程中的体验变化和心路历程。其中，用户的行为感受体验（满意和不满意）、想法通过图形方式整理，以直观的方式呈现，以方便寻找用户使用产品时的痛点和用户对产品的评价及期待，获取用户需求。用户旅程地图和任务分析有一点相似，但任务分析不必按照时间轴展开，而用户旅程地图围绕时间轴按照各个子任务在总任务中的顺序展开，重点捕捉用户使用产品过程中的情绪变化以及变化的原因。用户旅程地图涵盖阶段、行为、想法（需求）、情绪四个方面内容。通过用户的心路历程，可以找到使用产品或服务过程中的挫折，研判挫折产生的原因，抓住市场的机会，找到原有产品的痛点。

（1）用户旅程地图使用流程

① 目标用户选择。与特定产品或服务关联的用户。

② 横轴标注产品使用行为路径。务必从用户角度，以横轴标注产品使用的过程，以用户使用流程按次序的分解作为内容，避免以功能或触点进行分析。

③ 纵轴罗列各种问题、遭遇以及情绪。用户情绪随着产品的使用、用户的目标、背景的变化而变化等。

④ 对项目有推动作用的问题单独提出。

⑤ 整合各个阶段用户的产品使用挫折。

（2）用户旅程地图案例

图 3-35 所示为备餐厨房体验用户旅程地图。

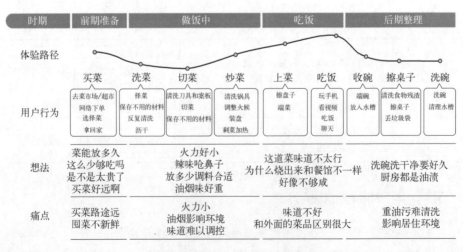

图 3-35　备餐厨房体验用户旅程地图

3.6 设计任务解读

用户研究的方法很多,在学习产品设计的初级阶段,强调直面用户和相关利益者的方法的学习,其中观察法和访谈法是进行用户研究最有效的方法。通过用户研究,能够获得定性分析和定量分析的数据。围绕着用户研究进行产品和行为的分析,通过一系列的图表来说明和呈现研究的结果,将研究建立在逻辑的基础上,围绕用户进行任务分析和功能分析,洞悉用户的需求得不到满足的关键要素,进行创新,对于初级产品设计课程的学习是必要而有效的。在对用户进行充分的调研和分析后,可以形成产品(设计)的概念,概念的确定为设计指明了方向,在后期的设计中就可以有针对性地解决痛点问题,使设计获得升华。

3.6.1 设计任务内容

本章的任务围绕着用户研究,研究用户体验和理解用户及产品。下面以搅拌棒的用户研究为例设计用户研究内容。

任务主题:体验和理解产品(搅拌棒)

(1)目的

用户研究,发现产品痛点。

(2)具体内容

① 用户体验研究,不同品牌的产品的使用功能体验研究,进行录像和拍照记录,设计访谈框架。

② 采访用户,观察用户的使用过程,并根据观察过程的发现进行必要的访谈。

③ 对产品的主要功能进行分析和体验,对产品的舒适度、尺度、效率、安全性等分别进行记录。

④ 不同搅拌物对搅拌棒的要求,不同搅拌棒的性能差异,不同质感的搅拌物差别,黏的、硬的、软的、液体状的、固体状的物质形态。

⑤ 产品的辅助功能(清洗、收纳、保养、充电等)分析。

⑥ 一般购买这类产品的消费者关注的产品功能的重要性顺序。

⑦ 和具有类似功能的其他产品的关系,搅拌机、破壁机、豆浆机、绞肉机、碎菜机的优缺点比较。

（3）要求

能够从用户视频和调研中挖掘产品痛点。

（4）作业形式

阶段性作业：调研报告包含以上内容的 PPT 一份。

3.6.2 设计技能要求

① 掌握人物画像法，能够通过一两个典型人物的典型故事反映用户研究的结果，表达用户需求。

② 掌握情境故事法，能够用情境故事法描述产品和用户之间的矛盾，用两种类型的剧本（问题剧本和方案剧本）来讲述设计概念的由来或新的设计如何解决问题。

③ 掌握任务分析，通过任务分析能够对标产品的功能，在新产品开发中体现研究结果。

④ 掌握功能分析，通过功能分析落实产品的功能与设计特征的关系。

⑤ 掌握用户旅程地图，通过用户和产品交互界面的冲突找到创新设计的出发点。

第 4 章　　产品创新设计

4.1　产品创新方向　　　　　　　106
4.2　技术型创新的小家电企业　　125
4.3　巴慕达的设计　　　　　　　136
4.4　围绕用户需求创新　　　　　142

创新就是突破常规，形成新颖的观点，创造新的事物和新的思想。创新是企业提升产品竞争力的有效途径。按照不同的类型，创新可以分为产品创新、服务创新、渠道创新。就产品而言，可以包括结构、性能、造型、CMF 的变革，或者新的商业模式或流程以及战略、社会责任的迭代突破。产品创新能够最大概率实现设计的价值。设计的本质是创新，产品设计则是通过创新满足用户和市场需求，产品创新的方案只有与企业的能力以及目标匹配才可以产生效益。成功的企业都具有创新的基因。产品设计创新以用户为中心，最直接的途径是设计师通过对用户使用产品过程中遭遇的挫折进行探索和分析，并作为用户或观察者亲身体验产品，直面产品存在的痛点。

　　企业往往基于以下几个方面开发新产品：①用户需求；②企业利益；③市场需求；④技术发展的驱动。如果能够结合这四个方面去探索产品的设计，一方面可以赢得用户和市场，另一方面符合企业利益，可以促进企业竞争力提升。四个方面的需求相辅相成，有可能用户需求和市场需求推动了技术的研发，从而触发了企业的产品创新机制。用户需求、企业利益和市场需求是产品开发的基础原因，技术创新挑战企业的研发能力，与企业的规划和发展息息相关。小家电产品更新换代快，需要大量的创新设计，相关技术也跟随社会科技的发展快速变化。探索小家电产品的创新，可以以小见大，将创新的思维应用于其他产品的设计中。

4.1　产品创新方向

　　在设计早期阶段，充分研究用户需求和市场需求，可以减少决策错误，好的设计来自用户需求，又超越用户需求。可以通过家电产品的开发过程来了解创新的秘密。

　　产品创新按照程度不同，可以分为表层性外观创新、沿袭性优化创新、渐进性累积创新、机会性填补创新、根本性颠覆创新，创新的要求逐级升高（图 4-1）。初级创新是表层性外观创新设计；第二级是沿袭性优化创新，是对前代产品优化和改良；第三级是渐进性累积创新，包括功能的提升完善、易用性提升，使产品的用户体验更佳；第四级是机会性填补创新，是基于原有基础对已有产品重新定位，发现产品的空白市场，获取新的功能价值，一般通过竞品分析的知觉地图来分析细分市场以获取空白市场信息；第五级是根本性颠覆创新，是创造市面上完全没有的产品，通过新技术、新材料、新工艺创造出全新的产品。创新可以基于用户需求从形态、CMF、产品体验与交互、人因工程、技术、社会和环境等几个方面进行。CMF、产品交互与体验、人因工程创新以用户研究和用户体验为重点；技术创新侧重于科学技术发展，依托于企业的研发实力；社会和环境创新侧重于考量价值、伦理以及人类社会的可持续发展。根本性颠覆创新难度最大、资金投入最多、研发周期最长，一旦成功，就可以大幅提升企业整体实力。

图 4-1　创新的层级

4.1.1　形态创新

　　形态创新属于表层性外观创新范畴，好的形态既可以从美学意义上来评判，也可以从生产技术（材料和工艺利用）约束下形成的形态的合理性来评判。"形"主要是指物体的形象、形体、形状、样子及造型等；"形态"主要是指形状和神态等。形是外在的表现，态则是内涵，形态是形神合一。只有反映出内在气质和外形，产品才能活起来，被赋予意义，具有生命力。

　　形态依赖于物质形式表现。形态能够反映产品的功能、动力传动方式、运动形式、结构性能、使用方式、组装形式等内容。设计产品，就是在产品的各种要素，如功能、材料、结构、机构、工艺、安全性、人体尺度、使用方式等制约下塑造形态。好的形态必然在视觉形式上是和谐的。

　　形态在产品造型设计中具有重要的地位，承载了产品的美学、功能、文化、技术等内容。形态是复杂而多样的，既是内在的，又是外显的。一方面设计方案的形态表现有很多的可能性，另一方面消费者的需求不易把握和表达。形态既具有物质含义，又具有精神含义。产品的物质含义，将产品的结构性能、工作精度、可靠性、效率性，以及操作过程中的舒适性、安全性、可靠性、方便性、合理性等要素表现出来。而产品的精神含义表现的是消费者对产品的形式风格的喜好趋势，以及设计师所追求的情怀。产品的形态语言可以通过风格趋势分析获得，从设计方法角度来说，主要由风格情绪板来获取。风格情绪板是设计师延续企业PI（Product Identity，产品形态）和呈现产品风格特征的方法。

产品的形态作为产品信息的传达载体，借由点线面体整合，以形状、比例、尺度、空间呈现，而不同的形态元素以不同的方式组合给人带来不同的感受，从而赋予形态情绪意义。直线形给人以男性、冷静、理性、科技、坚硬、冷峻等感觉，曲线形引起人柔软、细腻、运动、感性、温柔、活泼的感觉。很多家电企业根据不同的细分市场形成不同的品牌，每个品牌都通过外观的差异化来形成品牌的差异，通过形态和CMF（Colour Material Finishing）形成不同的PI吸引不同细分市场的用户。

（1）形态的功能分类

形态从功能上可以分为使用功能形态、象征功能形态、认知功能形态、审美功能形态、物理功能形态。

① 使用功能形态：与人的使用行为发生直接作用的具体化表征的产品形态。如按键、把手、旋钮、拨杆、转盘等物理控制部分，产品的形态特征能够反映出产品使用功能的类型，解释或启发产品功能的实施方法。

② 象征功能形态：抽象的产品形态，与人的认知心理发生作用，是一种需要设计师与用户产生共鸣，实现表意和会意一致，基于设计师对用户感知的精准解读而呈现的设计表现形式。由产品的形态反映社会性、文化性、心理性需求的形态特征相对来说更为抽象，如营造豪华、流畅、速度、高科技、工业风、赛博朋克等感觉的形态。可以通过视觉情绪板的组织和调研来获取用户相应抽象感觉的视觉要素，并将其转化为产品形态的设计要素。

③ 认知功能形态：产品性能、生产商、使用界面、危险告知、操作模式等具有信息提供和解读功能的形态，如各类显示器、标牌、商标、示意图、屏幕内容等。

④ 审美功能形态：通过形式法则表现出产品美感的形态，如秩序、均衡、韵

律、统一、变化、和谐等。

⑤ 物理功能形态：经过技术限定和优化的形态。如制造工艺要求、防水要求、省力要求、减少阻力要求、动力需求、散热需求、组装工艺要求等形成的形态。

产品形态基于设计师的经验和对用户的理解，随着设计过程展开，将材料、结构、功能、安全、经济等要素进行系统性规划，通过设计和工业化手段进行有机呈现，具有明确的功能属性，符合行业特征，能够满足人们的应用需求。

（2）影响产品形态的因素

产品形态的影响因素包括形态、色彩、质感。其中，质感指产品的表面质地，色彩和质感在 CMF 中都有讨论，本小节不做详细讨论。产品形态的制约因素很多，如功能、人机工程、文化、材料与工艺、技术、数理等。

① 功能与产品形态：产品的使用功能是产品形态的基础，功能的变化会带来产品形态的变化。实现产品功能的工作原理、机构、结构不同，产品的形态也不同。审美功能左右产品形态的风格。

② 人机工程与产品形态：人机工程为产品形态提供方向和标准以及提出解决方案，是用户研究的重要内容。在设计中，无法绕开与人相关的各种因素，通过基于人机工程学研究的人体解剖、运动学、生理学、测量学等理论的应用和指导，才能产生体验良好的操纵控制和显示控制，为产品的安全、舒适、效率提供保障。

③ 文化与产品形态：文化因素是产品内隐的美学基础。不同的产品应与不同的地域、不同的民族、不同的族群、不同的风俗习惯相契合。

④ 材料/工艺与产品形态：材料不同，产品形态可能会产生差异。相同的材料通过不同的工艺进行加工，给人们的感觉也会有很大的差异。

⑤ 技术与产品形态：应用不同的技术可能会导致不同的产品工作原理，不同的产品结构可能会应用不同的生产工艺进行，也相应地会产生不同的产品外观。

⑥ 数理与产品形态：数理是产品的尺寸和比例，受人机工程学影响。数理与形式法则之间的关系，在设计中会影响产品的表面特征。

4.1.2　CMF 创新

CMF 指色彩、材料、表面处理，即产品除了形态以外的表面形式。色彩与视觉相关，能够引起人们的情绪变化。通过材料的色彩、质感光泽、肌理、触感、舒适感、亲切感、冷暖度、质量感、柔软感等表面特征，形成产品的外观造型表现力。产品设计中不同材质能够营造不同的感觉，以响应设计概念的需求。表面处理是在基体材料的基础上，通过加工形成一层与基体材料原有的机械、物理、化学性能不同的表层的工艺。表面处理能够满足产品的耐蚀性、耐磨性、易清洁、防滑性、装饰性及其他功能的要求，也能够从视觉、触觉、温度觉等方面引起人们的清洁、软硬、冷暖等心理响应，从而营造和提升产品的体验感。材料创新是根据新材料的特性在产品中应用新材料或者创新地应用材料，以获得新的材料性能，属于渐进性累积创新。在企业日常产品设计中，为了让产品多样化或更新换代，以区别于市场上同类产品，经常采用快捷手段，CMF 创新就是最便捷的一种方法，其往往属于表层性外观创新和沿袭性优化创新。

产品的定位、属性和性格可以通过产品的形态和 CMF 得到直观的表现。CMF 创新设计可以通过材料的研发和应用降低产品的开发成本，缩短开发周期，满足多方面需求，优化用户体验，提升产品质量，差异化产品。用户能够从 CMF 的改善获得全新的体验。CMF 交叉应用美学、色彩学、工艺学、材料学、心理学等学科，与流行趋势有密切关系，是产品设计中后期的表现张力的来源。

（1）色彩创新

色彩由视觉开始，通过知觉、感情到记忆、思想、意志、象征等一系列过程，将色彩的经历和体验迅速转化为心理感受，从而对用户产生直接影响，是最直观的设计元素。色彩的搭配是对色彩复杂认知的响应，具有丰富的文化含义，既能够反映用户偏好、形成 PI，又能够响应产品的使用环境。设计师对色彩的选择，需要综合考虑以上因素进行色彩的搭配，又要考虑光照条件下色彩的变化，以及不同材料中色彩所反映出的个性差异。

设计领域的色彩流行具有共通性，在服装、家居、环境设计中流行的色彩，在产品设计中也有所反映，反之亦然。关注时尚界和色彩界流行色可以给产品设计注入鲜明的时代符号。也可以从周围事物的色彩中寻找灵感，通过色彩营造相应的感觉。色彩流行有时代特征，色彩属性不变，但随着时代的发展，出现了马卡龙色彩（图 4-2）、多巴胺色彩（图 4-3）、莫兰迪色彩（图 4-4）等不同的具有明显特征和倾向性的系列颜色，以响应时代审美的需求。

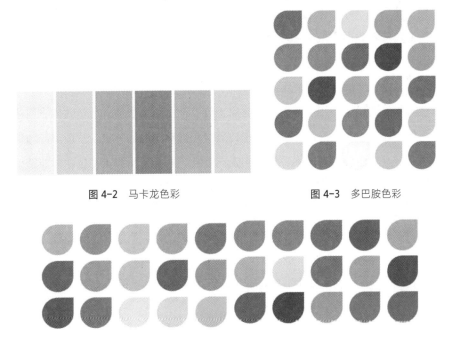

图 4-2　马卡龙色彩　　　　图 4-3　多巴胺色彩

图 4-4　莫兰迪色彩

马卡龙色彩：由一种法国经典甜点"马卡龙"启发而得名的色彩概念，以柔和、明亮、鲜艳为特征的色彩，能够给人带来轻松、愉悦、温暖的感觉。马卡龙色彩明度高，带有明确的色相，包括多种色调，但色彩的纯度相比纯色要低，常见的如粉色、薄荷绿、淡紫色、柠檬黄等。由于纯度没有原色高，并且明度高，马卡龙色彩能给人带来浪漫、轻盈、柔软、优雅的感觉，时尚而活泼。甜美的马卡龙配色，不仅让人联想到精致的甜品，更是日常搭配的时尚元素。它通常以柔和的色调出现，如粉嫩的樱花粉、清新的天空蓝、温柔的薄荷绿以及甜美的柠檬黄等，给人带来温馨与活力。

多巴胺色彩：多巴胺从生物学上讲，是中枢神经系统中重要的儿茶酚胺类神经递质，能够让人产生愉悦的感觉，在调控情绪和状态方面扮演着至关重要的角色。多巴胺色彩会激发人们愉悦的心情，刺激大脑分泌多巴胺，是高纯度、高明度、具有明确色相的色彩，常见的多巴胺色彩包括红色、橙色、黄色和粉红色等。多巴胺色彩通常会激发人们的热情和活力，提升大脑的兴奋度，激发进取心。其常用于幼龄儿童产品，与其生理发展特征相适应，或者用在其他产品的局部，起画龙点睛作用。

莫兰迪色彩来源于意大利艺术家乔治·莫兰迪对系列静物色调的命名，是基于其画中的色彩法则而形成的色彩称谓。其不是指单一的颜色，而是指饱和度不高的灰系颜色。莫兰迪色彩是舒适的灰色调，容易和其他纯度高的颜色调和，柔和而又有高级感，适合产品大面积使用。

色彩的创新设计，如渐变色工艺应用，可以产生新颖独特的视觉效果，引起人们不同的心理体验，让产品外观色彩形成层次和青春洋溢的感觉，营造产品独特的氛围感。但渐变色应用有成本、设计和工艺限制，需要高超的工艺技术才能精确实现效果。华为 P30 系列"天空之镜"渐变色彩的灵感来源于自然界极光的变化，蓝色到紫色的莫测变化通过技术得以重现，色彩营造了雅致而个性鲜明的氛围。从技术层面讲，实现这样的效果需要面临挑战，色彩在材料表面的分布和渐变都需要精准控制（图 4-5）。曾经很多企业在设计的时候都慎用渐变色，因为工艺难度大。现在，渐变色成了很多产品设计师的宠儿，在很多产品设计中得以大量应用。

图 4-5　华为 P30 手机渐变色彩

（2）材料创新

材料具有色彩、肌理、光泽、质感等特性，既有视觉属性，也有触觉属性。材料能够影响产品的功能、耐用性、可持续性。材料的选择既需要结合产品物理层面的性质和产品的品类特征、产品的功能需求，又要兼顾产品的生产工艺、生产成本。材料在决定产品外观的同时可以提升产品的性能和质量，还可以影响产品的功能、耐久性和制造成本。材料和色彩密不可分，某种程度上两者既有相关性又有差异。材料很大程度上也会对色彩设计产生影响。首先，每种材料都有其固有色彩；其次，相同色彩在不同材质表面会表现出不同的视觉效果。消费者很容易从产品的材料感知颜色。

材料的质量直接影响产品的制造成本和产品的可靠性，优质的材料可以提高产品的稳定性和耐用性，减少故障率，从而降低维修和更换的成本。一方面，材料创新可以获得更好的产品性能。比如，在旅行电热锅的设计中，使用了高强度、轻质的复合材料，可以提升电热锅的耐用性，同时减轻用户的旅途负重。另一方面，会提升产品的质量。另外，日益受重视的环境问题，使得产品的可持续性成为产品设计的重要问题，环保材料成为很多设计的选择，产品采用可降解材料，减少对环境的伤害，成为产品设计的重要趋势。

材料本身就具有特殊的物理特性，同样的产品色彩依托不同的材料会唤醒人们不同的情绪。材质的变化让色彩的层次和质感更加深刻。相同的材料采用不同的表面处理工艺色彩也会产生差异，影响产品的视觉形象。材料本身是客观物质，其主观特性是由人们长期在环境中体验各种事物而形成的。

进行材料创新，首先需要打破人们对材料的固有主观印象。如混凝土给人坚硬、冰冷、粗糙、毛坯的感觉，通过设计师的创新应用，其在音响、灯具、家具中获得新生。来自台湾省的 22 Design Studio 热衷于使用水泥来进行各种随身配件类产品的设计，通过特殊的材质打造产品的独特气质。如图 4-6 所示的混凝土手表，通过各种不同的材料处理手段，结合设计，让水泥材质形成新的视觉效果，其表盘采用独特的混凝土固化工艺制作，最初采用 0.9 毫米的水泥表盘，发现表盘很脆弱，随后改成树脂和水泥组成的全新材料配方，新配方制作的表盘兼顾强度和质感。表盘使用手工灌模并修整的方式制作，每一个表盘又能呈现出独一无二的手工的触感和不可复制的纹理。早期的表盘设计延续 22 Design Studio 时钟的十二台阶形式，一个台阶的边缘代表一个时间刻度，后来新的款式又将凹槽径向切割成 12 大份、60 小份，凹槽作为时间刻度。表壳采用医用 316L 不锈钢，具有 50 米防水功能；采用防刮擦和防反射的蓝宝石玻璃，有夜光涂层，人们能够在不同的光线条件下轻松读取时间。同样使用水泥作为材料，巴西品牌 Norri 设计的多功能水泥炉灶 V01，如图 4-7 所示，适用于多场景、多种烹饪方式，通过不同的配件可烤可煮，可以用碳也可以用木头提供热量，并且配有烟管，相对于传统的炉灶来说功能更丰富，一炉多用。通过混凝土和金属支架以及塑料轮子的结合，既方便移动，又能高效地完成烹饪。

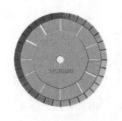

图 4-6　材料创新混凝土手表

其次,要消除材料与其固有造型特性之间的关联,给用户带来全新的造型体验。如德国设计师 Florian Schmid 受水泥帆布的启发,改变混凝土坚硬冰冷的形象,将混凝土赋予布料塑造了柔软的质感。混凝土布料(CC)是一种以浸渍布料为基底的"柔软"混凝土,水合过程中混凝土变硬,形成防火、防水、轻薄的表皮。设计师使用橡胶泡沫研究了各种缝合及折叠样式,尝试塑造各种形态,最后通过座椅呈现了多种样式(图 4-8)。

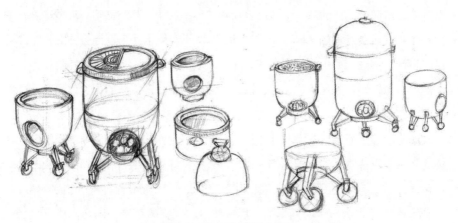

图 4-7　多功能水泥炉灶 V01

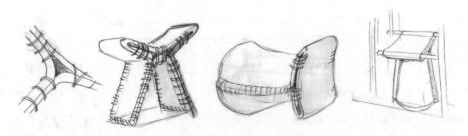

图 4-8　缝合的混凝土座椅

最后，重现和强调材料的内在气质。不同的材料具有不同的性格和气质，通过设计语言可以将材料的气质恰如其分地转译，因材施"设"，由形、色、质、工艺等形式打造材料个性，让消费者与材料的内在美共情。正如喜多俊之曾说的，设计的艺术根植于精神与物质、人与自然的平衡。设计过程中，设计师的心与产品交融，产品即会带有情绪，进而激发他人共情，产品能够具有灵魂。喜多俊之致力于给设计以灵魂，通过现代设计让濒临失传的传统技术和材料重生。要注重物品材料本身的痕迹和故事的保留，注重材料的内在气质的扬"外"。

（3）表面处理创新

产品的品质很大程度反映在产品的表面处理上，而常见的表面处理工艺有抛光、电镀、喷砂、金属拉丝、喷涂、阳极氧化、蚀刻、真空镀等，不同的表面处理工艺产生的产品表面效果有很大的差异，能够形成不同的气质，可以塑造独特的视觉效果和触感体验，使产品更具特色和吸引力。表面处理关系到材料的纹理、光泽度、图案等，它可以增强产品的美感，也可以改善产品的性能。产品的表面处理工艺可以改变材料的质感，营造不同的视觉效果及触觉效果，提升产品的美观性、耐磨性、耐蚀性，抬升产品的形象或者适应特殊环境的需求。产品的表面设计要兼顾工艺、成本以及产品的整体风格和目标受众的偏好。此外，表面处理还会决定产品的一些性能。恰当地选择表面处理工艺，可以起到事半功倍的效果。如图 4-9 所示 SONY PS5 游戏手柄，采用激光咬花工艺形成表面细腻的肌理花纹，丰富了手柄的视觉效果，提升了手柄的舒适度，形成了良好的触感，并成为企业的 PI，区别于其他同类产品。

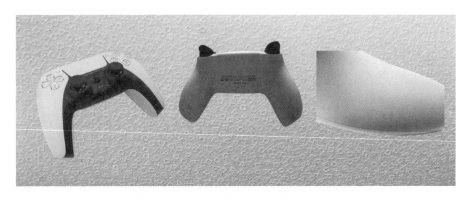

图 4-9　SONY PS5 游戏手柄及手柄上的肌理

4.1.3 体验创新

体验创新属于渐进性累积创新,其以原有用户体验为核心,创造带来全新体验的产品设计。这类设计一般更注重产品"极客"用户的反馈,围绕对"极客"用户的研究,开发极致的体验,把抽象的体验转化为产品的品质和优异的功能。"极客"来源于"geek"的英文音译,用来指智力非凡、善于钻研、勇于挑战新事物的人。产品的"极客"用户是新产品的尝鲜者,他们对于技术和时尚有狂热的爱好,能够敏锐地反馈细腻的产品体验感受,对于产品的使用有与众不同的创新,更关注产品的细节,是领导型用户。而且"极客"用户大胆尝新,勇于打破规则,善于设想,是观察和访谈的最佳人选。

体验创新产品往往定位高端,价格比同类产品高出不少。体验创新能够以用户为中心,挖掘普通用户自己都没有意识到的需求,而这种需求对品质生活又是至关重要的。巴慕达的设计尤其侧重于通过体验驱动技术研发,为用户营造产品前所未有的、细腻的、极致的用户体验,一招制胜。

(1)以功能为本探索"极客"体验,直击用户的"心头好"

"极客"体验往往是基于对功能的创新开发获得的用户体验的提升。LEVEL 8 行李箱的研发团队发现,目标用户对行李箱的要求已经超越了"装载物品的移动容器"。精准洞悉极客用户的需求,发现目标用户偏好"多维"品质的行李箱,关注多个行李箱的性能指标,包括行李箱的材质、功能、材料、质感、容载比、气质都成为挑选产品的理由。LEVEL 8 的领航者(Captain)宽拉杆铝镁合金行李箱将商务旅行+快速移动的需求变现,在携带各种设备、文件、其他差旅用品的基本需求之上,整合坚固、便捷、空间、结构等深层需求,充分考虑结构、材料、安装等性能,在高颜值、高品质、优秀空间利用率、高舒适度、安全方面在"极客"体验的理解上,进行了很多创新(图4-10)。调研中常常有很多普通用户容易忽视而对产品又有重要意义的体验,用户往往无法明确表达,设计师将这些体验精细化,完全依赖对"极客"用户的调研,当然也要突破技术上的难点。

LEVEL 8 的领航者行李箱的特色从三个方面进行设计考量,如中置拉杆。行李箱的拉杆一般是偏置的,一方面,偏置能够让行李箱内部空间足够大而且完整,拉杆的中置会分割行李箱的内部空间,导致空间利用效率不高;另一方面,拉杆中置

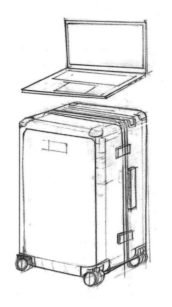
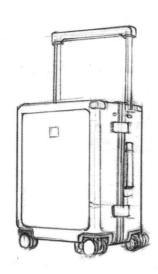

图 4-10　LEVEL 8 行李箱

行李箱只能依靠万向轮以与地面水平的方向移动，不能以夹角移动。将常规情况下会导致空间利用率降低的中置拉杆设计作为解决容积问题从而获得最大箱内空间的设想就成了伪命题。然而，LEVEL 8 的设计突破了这个结构难点，让不可能变成了可能。设计团队发现有很多差旅用户喜欢在途办公，便将行李箱设计成移动办公的工作台，行李箱便捷地变成办公桌，方便放置电脑随时随地处理公务。轻质便携也成为设计团队考虑的重点，采用镁铝合金作为材料，减轻重量。同时，根据"极客"体验，为了满足高品质需求，做出了革新性设计，拉杆和箱体的连接方式，拉杆尺寸、形状、角度以及箱体框架，拉杆底座固定，容积率以及重量、强度等都在设计上进行细致的考虑。外观也是"极客"用户的关注焦点，为了实现外观时尚精致，整体外观采用流线型，避开传统行李箱外加护角的做法，角部无铆钉护角、表面极窄细铝框、磨胶工艺扣锁等细节也从视觉上拉升了品质感。科技上，集成 NFC 技术，用手机 NFC 智能开锁。整个行李箱设计简约又精致，根据"极客"用户的体验创新，让用户体验细节满满。

体验创新一方面可以从细分市场的要求进行研究，有些体验具有无障碍设计特征，另一方面从"极客"用户出发，通过将"极客"用户的极致体验转化为设计参数，就能够创造超越一般产品体验感的产品。从研发的角度来说，这需要技术的支持，在设计研究中需要更大的投入。

人机工程学研究在产品的"软件"和"硬件"方面提升了用户体验，注重效率、安全、舒适、健康，基础的体验也是很多"极客"体验的目标。当然也只有细致全面的产品研究，才能够催生出好的用户体验。

在日用产品的领域，OXO善于从人机工程学角度改善用户体验，其品牌理念是"让生活变得更加简单、安全"。其关注使用产品有困难的用户，将他们的需求作为产品设计的目标，品牌以"制造优良的创新设计，具有品质和价值的小型家庭用品"为宗旨，将产品定位于高价位市场，开发的1000多种产品致力于产品改良，提升产品使用体验。设计团队通过对同类产品的研究，发现创新和高品质的产品可以获得高的效益，创新的产品具有综合性设计的特征，整合了很多的优点。OXO的设计创新从削皮器出发，将舒适性、便利性、易清洁、易维护、模具间隙搭配公差小等诸多特点整合到高价值的创新产品上（图4-11）。诸多细节的设计成为影响产品创新和品质的重要因素，甚至重量都会影响人们对产品的感觉。通过对人们生活习惯进行细致观察和分析，设计师发现削皮器的良好操作性能很大程度上存在于人们对使用快速、刀片锐利和握持舒适的需求上，清洁卫生、容易清理也是关键。从这些问题出发，首先对把手的形态进行了设计，其次发现把手和刀片的结构关系对于操作良好来说有重要的影响，而且很多消费者在使用直线型削皮器时需要通过拇指引导刀片，而垂直型的把手不需要，直线型削皮器在操作舒适性上比垂直型优越，由此选择了最佳的把手和刀片的位置关系。设计过

图4-11 OXO经典款削皮器

程中把削皮器整体进行了剖解，对手柄和刀片的角度关系、刀片是否转动、刀锋间隙、刀片宽度等因素进行综合的研究，同时对用户操作削皮器的动作进行了精细分析，由此使用橡胶制作手柄以提供软硬适中的握持感，实现用户在使用OXO削皮器时手感顺滑，吃皮薄。在形态上用鱼鳍形对应拇指握持指引，保证舒适和安全。OXO的设计使得其产品的价格比同类产品高出若干倍，并且畅销至今。OXO削皮器的设计初衷是解决手疾患者削土豆时施力困难的问题，未料想无手疾的用户在使用时也能够获得极佳的用户体验。

由 inDare 设计公司设计的 LiberLive 电子吉他考虑到新手学习吉他时的痛苦遭遇，从降低乐器学习的难度和门槛出发，使得普通人无须花很长的时间就能学会乐器，并享受音乐带来的快感（图 4-12）。走出常规吉他设计只针对吉他性能提升的固定思维，抓住新手用户学习吉他过程的痛苦体验，让没有时间练习和学习，然而又想亲身演奏吉他的用户的核心需求得到满足，又考虑了用户的多模式音乐体验，既能实现自动编曲、即兴演奏、实时生成和弦，又能够自动鼓机和低音律动。新式乐器的开发以简单易上手和享受弹唱乐趣为核心，使用户获得了全新的吉他操控体验。思维的转变在于重点解决"入门"导致的不良体验，在设计中保持吉他演奏原有的"弹""拨"动作，以及吉他的背负形式，去除技巧性学习的痛苦体验，将原来需要花长时间反复练习、让新手用户望而却步的吉他技巧，用电子导引方式使其变得轻松易上手，新手用户在体验中获得了愉悦和满足，即使熟手用户也能在 LiberLive 的使用中获得创作的乐趣。多模式演奏调整方式的开发，让使用者能够迅速享受花式创作的乐趣，使枯燥的乐器学习的坚冰因设计而被打破，正面体验大幅提升，负面体验迅速降低。LiberLive 突破了学习吉他的瓶颈，抓住了新手用户的心，将享受音乐带来的愉悦体验遍布整个吉他学习和弹唱娱乐的过程，体验推动了产品全面成功。

图 4-12　LiberLive 无弦电子吉他

（2）"反思"营造惊喜

"发现那些人们不常注意到的，隐藏在日常生活中的小小'惊叹'时刻。"Nendo 的创始人佐藤大善用"反思"从与众不同的角度来创造全新的体验和感受，他的很多作品都是基于生活中的"小确幸":"反思"产品让人有惊艳和恍然大悟的感觉,看到产品的一刻内心愉悦;从另类的角度设计产品的体验,让产品不常见的一面以司空见惯的方式、巧妙的手法获得升华,挖掘产品的全新体验,创造出让人耳目一新的产品;从感官唤醒使用者的体验,激发用户的愉悦或引起思考。如 Nendo 工作室设计的" sunset 落日蜡烛",一眼看去和普通蜡烛没有太大差别,但燃烧后烛心从上到下根据颜色分层,依次按照黄、橙、红、紫、蓝五层色彩变化,五种色彩又对应五种不同的植物香氛——佛手柑、柠檬草、马郁兰、薰衣草和天葵的气味。通过燃烧烛心色彩的变化映衬出日落天空光影变化的唯美意象,引起人们对时间流逝的反思,使用过程中视觉和嗅觉还能互相映衬,给用户带来两种感官的齐鸣(图 4-13)。

图 4-13　Nendo 落日蜡烛

从反思的角度解读产品,将设计师的思考通过灵活的设计手法进行传递,最后获得消费者的共鸣。"反思"产品很容易给人巧妙、幽默的感觉,刺激用户分泌多巴胺,产品悦目且赏心。这种创新方式常用于功能性不是非常强的产品。

4.1.4　人机工程学创新

人机工程学又称人因工程学、人类工效学,是一门多学科交叉的学科,研究的核心问题是不同的作业中的人、机器及环境三者间的协调,研究方法和评价手段涉及心理学、生理学、解剖学、生物力学、医学、人体测量学、美学、设计学和工程技术等多个领域,研究目的则是通过各学科知识的应用来指导工作器具、工作方式和工作环境的设计和改造,使得作业在效率、安全、健康、舒适等几个方面的特性得以提高。人机工程学设计需要通过设计对比实验验证效果,以人机工程学为基础的创新是设计创新的一个很有潜力的方向,有可能催生出根本性颠覆的创新产品。

人机工程学研究人的三个方面的问题,包括物理层面、认知层面、感性层面,以安全、效率、舒适、健康作为研究的重点(图 4-14)。基于人机工程学的创新从以下角度考量设计和相关的研究,包括人的尺度、人的生理特点、人的信息加工、人的作业、人的心理和人的情感及交互等方面的内容,同时关注环境和人的关系,既包括物理环境,也包括人文环境。以人机工程学为创新出发点的产品设计大多处于创新级别的第二、第三层次,通过创新改善人和产品及环境的关系,优化和提升用户体验。需要依靠结构、材料、表面处理创新来实现。

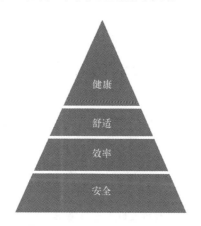

图 4-14　人机工程学的研究层次

OXO 纽约总部有一面手套墙(图 4-15),用于收集来自世界各地各式各样的手套,以提醒 OXO 的设计师不同的人尺度不同,尤其是手的大小不一,日用手工器具设计的目标是务必使"所有的手"用起来都轻松舒适,让生活更简单、更便利。OXO 致力于人机工程学创新,将用户使用产品的效率、舒适、安全作为日用产品的基本要求。公司成立几十年来,这个准则始终没有改变,秉承人机工程学创新,为用户创造良好的用户体验成就了 OXO,也为企业创造了可观的效益。

(1)以安全为特征的产品创新

安全是人机工程学研究金字塔的底部,是产品人机工程学考量的基本出发点。以安全考量的产品的创新设计大多数是从事故的分析和研究出发,解决事故中的安全问题,减少安全隐患,避免事故中人的损伤,或者防止人遭受火灾、电击、辐

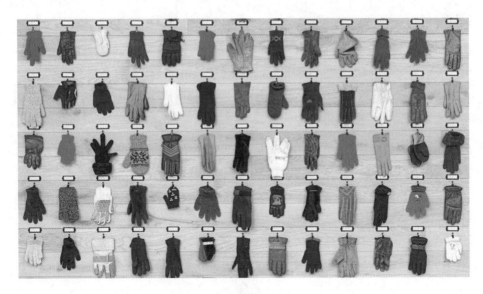

图 4-15　OXO 纽约总部手套墙（图片来源：baidu.com）

射、高温烫伤、爆炸、机械或外力致伤致残等危险的伤害而进行的预防、防护或预警、制止事故，保障人的安全为主的产品设计。如小家电产品中的防烫、防触电、防漏电、误操作提醒和操作撤销、紧急情况警报和制动、防止肢体或毛发吸入、防止过热燃烧引起事故、易引起事故的不良习惯以及不良姿势的修正、危险动作的规避等。在设计调研中，观察是发现问题的重要方法，结合任务分析和功能分析，对用户操作产品的过程进行仔细观察和分析，寻找已有产品的问题，就能够找到提升和优化产品的用户体验的途径。

（2）以效率为特征的产品创新

产品创新以提升工作效率、工作准确性，省力，减少人的负担及人的失误为特征。提升工作效率，通过任务分析和功能分析，梳理并减少执行功能过程中多余的行为，减少任务复杂性，合理分配人和机器完成的任务内容，兼顾机器及人的特征；消除用户和产品之间的认知鸿沟，让用户可以简单快捷地执行各种工作；通过优化信息反馈机制，提高信息反馈的准确性，减少用户理解用时，提升用户体验。如图 4-16 所示的洁面仪，通过振动起泡来提升清洁的效率，促进洗面奶在洗脸过程中充分起泡，从而有效清洁脸部肌肤；操控也很简单，仅有一个控制键，掌控开、关和振动频率。

（3）以舒适为特征的产品创新

舒适与身体的体验相关，尤其需要考虑人的生理结构和尺度问题，以及五种感官的感受。产品的舒适问题的解决，某种程度上能够促进人类的健康，避免各种因不当使用造成的身体损害。显示方面，需要符合人的感官以及肢体各种生理特点的信息显示、信息反馈、噪声处理，以此为基础优化创新；控制方面，进行与运动相关的人体各部位的受力情况、操控的顺序、方向、角度、施力姿势、省力方式研究，特别是施力夹角与人体部位自然姿势要一致，可以避免操纵过程带来的肢体伤害和防止长期非自然姿势操纵产品形成的伤害。从产品来说，产品使用过程中能够保持清洁，易清洁，易收纳，同时满足人们的各种舒适性体验要求。如杯盖、电饭锅盖、高压锅盖为了易于清洗，设计成局部能够打开的操控方式，使具有不同高度以及容易积垢部分能够开启，从而进行清洗。

（4）以健康为特征的产品创新

以健康为特征的产品创新，包括：

① 与治疗和缓解病症、加强护理相关的产品创新，常见的是通过加热或振动等物理方式放松人体不同部位肌肉的产品，如颈椎按摩仪、眼部按摩仪、膝关节热疗仪、腰腹部按摩仪、电艾灸等产品（图4-16）。还有其他类型的病症缓解产品，如婴儿吸鼻器、经期护理仪等。通过挖掘人们生理健康的细分空间，结合产品工作模式，拓展产品细分类别的创新，很容易出现机会性创新产品。

电艾灸　　　　　　　　　洁面仪　　　　　　　　　眼部按摩仪

图4-16　电艾灸、洁面仪、眼部按摩仪

② 以检测和监测为目的的血压仪、血糖仪等慢性病的电子仪器的设计创新，如佩戴方式、检测方法、智能化等方面的创新。

③ 与饮食养生相关，促进营养成分得以充分利用的创新。

④ 以强化体魄为目的的拓展运动方式的产品的创新，如各种健身产品。

以上层次的创新，需要技术或技术创新的支持。

4.1.5 技术创新

技术创新的产品，在研发过程中以新技术或者技术的创新应用解决问题，使产品获得革命性的进步。技术创新往往能够推出颠覆性的创新产品，通常以科学技术或前沿理论在产品中的创新应用以及通过新的技术来克服原有产品的缺陷，或者通过新技术的应用解决原有产品的问题。好的企业对新技术、新潮流、新趋势都有敏锐的感知。戴森公司的家电产品设计以技术创新为导向，如其系列吸尘器（图 4-17），通过研究地板垃圾的类型，区分动物毛发、细微颗粒等不同垃圾内容物，研发了出针对不同垃圾类别的"吸"的方式，以不同的过滤技术来实现产品性能的突破。经典的 Supersonic 吹风机通过技术创新，颠覆了传统电吹风的样式。戴森的直发棒则通过研究若干类亚洲人发质后，有针对性地解决了人们对直发的需求。

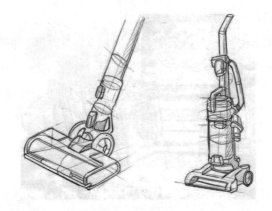

图 4-17　戴森吸尘器

4.1.6 其他类型的创新

从价值观出发的创新，目的比较抽象，而且富于社会责任感，是为人类发展、文化延续、社会弱势群体进行的创新。从价值观出发的创新的立足点和解决问题的目的不同于其他创新，需要整合技术、结构、功能、CMF 创新才有可能实现设计目标。从广义上说，其是以人类的可持续发展为核心，以减少环境的污染，减少产品使用过程中的排放物、残留物对环境的伤害，促进全人类的健康发展为目的。如 GreenFan 采用的直流电机具有高效低能耗特点，一挡功率只有 1.5W。正因为其注重细节的设计和创新的技术理念，产品推出以来十多年从未被超越。Colgate Keep-ya牙刷具有合金手柄，刷头可换，牙刷的手柄可以长久使用，并且可回收，以此减少对环境的污染。

创新需要敏锐的洞察力和细致体验能力，能够抓住用户使用产品时的细节问题，有对目标问题解决的决心，并紧密与相关行业领域的专家通力合作。

在小家电领域，有两家企业具有典型的创新特征，一家在国际上有很高知名度，另一家的产品虽然很小众但是创新出发点耐人寻味，它们就是戴森和巴慕达。这两家企业的产品属于传统家电的范畴，尽管市场上同类产品很多，产品的趋同性高，但它们的每一件产品都能使市场震动。大多数传统家电属于成熟产品，创新突破难度很大，但戴森和巴慕达突破了原有产品的技术和造型，创造新的用户体验，颠覆了人们对传统家电的认知。通过解读这两家企业的成长史以及创新路径，了解它们独树一帜的设计观，可以启发我们的创新思维。

4.2 技术型创新的小家电企业

戴森是不同领域的研究技术人员比设计师还多的企业，其内部大部分人是工程师，可见其技术特性显著。戴森的很多产品是通过极致的技术研究推陈出新的，完全改变了原有产品的面貌。戴森是典型的技术型创新企业，研究戴森的创新之路可以启发技术创新思维，促进小家电或其他产品的创新。

4.2.1 戴森的创新企业文化

戴森是国际性家电制造企业，每年投入大量的资金进行研发，拥有非常多的技术专利。其企业文化鼓励创新，强调"无所畏惧的文化、渴望冒险精神"，致力于追求"精益"，通过技术创新推动投入更少的资源获得更好的性能。无论是需求驱动、市场驱动，还是技术驱动的创新产品，戴森都依托其坚实的专业的研究和实验来开发、验证各种技术，致力于产品各项性能的最优化。

4.2.2 戴森：以技术推动产品创新

从1983年开始，詹姆斯·戴森专注于用于收集和分离灰尘的高效气旋分离器的研究，经过几年的设计、改进和实验，为了达到有效吸附0.5μm灰尘的目的，历经无数次失败后,在第5127台气旋吸尘器手工原型的实验验证成功后,成功推出了第一台无尘袋真空吸尘器"G-Force"(图4-18)。吸尘器推出后,在英国本土市场遇冷。1985年,G-Force开始在日本销售并逐渐获得成功,1991年获得日本国际设计大奖,1997年获得欧洲设计大奖。此后,戴森专注于气流技术的研究和应用,逐渐推出了更多的与气流技术相关的产品。

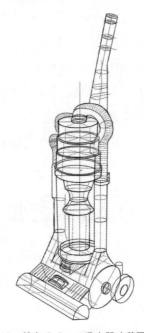

图4-18 戴森G-Force吸尘器(黄丽绘制)

从戴森的创始人詹姆斯·戴森研发他的第一款产品开始,就形成其为解决问题不停进行技术探索的产品开发流程和方法。戴森公司成立后,大胆尝试成了创新的核心,工程师在现场研究,并在产品制造的过程中学习,通过边工作边学习,自由进行实验,研究工程和工作原理,从而形成源源不断的创新。

当今世界,工程技术发展得越来越复杂,学科门类越来越精细化,一款产品涉及的技术类别越来越多,不仅涉及机械、电子、软件,还涉及机器人技术和人工智能技术等,只有综合不同的学科门类,才能完成产品设计,技术创新不可避免地需要多元化的人才组成设计团队。

(1)创新来自对问题的探索

戴森创始人詹姆斯·戴森大学毕业后,在动手改造自家房子的过程中,洞察到传统手推车装载物料后易翻车的问题，发明了球轮手推车。为了给手推车的支架喷漆，他研究了干粉喷漆技术，在这个过程中遭遇了粉尘收集问题。为了收集粉尘他又去了解气旋分离器技术，并亲自动手制作了大型的气旋分离器，用于喷漆过程的粉尘收集。气旋分离器通过离心力集尘，在收集灰尘的时候从不堵塞，给戴森留下了深刻印象。工业设计师出身的詹姆斯·戴森积极解决遭遇的各种产品使用问题，过程中致力于发现背后的原因并求解，构思方案、动手实验、分析检验设计效果。工程思维和设计思维碰撞，激发出创新的火花。他在使用胡佛初级吸尘器时遇到了集尘袋装满灰尘，吸尘器动力受阻的问题。倾倒灰尘后，将旧集尘袋装回去，仍然没有解决问题，最后发现因为吸尘器排气孔被硬币堵塞，造成气流受阻。机器警报提示的是排气孔气流压力大小的信息，而不是集尘袋里面灰尘的真实状况，只要气流受阻变小就会发出警报。虽然遇到的吸尘器问题道理很简单，轻易地放过这个问题将就使用产品也很容易，但不去探究堵塞背后的原因、理解机器的工作原理，就无法觉察问题所在。

戴森对工程热爱和执着，从小喜欢拆卸、琢磨机器，大学虽然就读于皇家艺术学院，但其工程师特质和超强的动手能力以及探索精神，使得他具备了创新的潜质。受粉尘收集的气旋分离技术启发，他构想通过气旋分离技术解决吸尘器集尘袋堵塞的问题，对无尘袋吸尘器产生了执念。

心动不如行动，1979年，詹姆斯·戴森将构想付诸实践，将自己家中的吸尘器进行了改造，用纸板制作的气旋分离器代替了布质集尘袋，试验效果也很好，此时戴森还没理解透气旋集尘的工程学原理。他通过金属板辊制作了金属的气旋分离器原型，并且不断地进行改进。他就像做实验一样，设定因变量和自变量，用严谨的实验态度，一次只改变一个性能特征，逐个验证影响气旋分离器性能的因素并构思新的设计，以科学的态度验证自己的想法，一步一步地接近最佳解决方案。开发气旋分离器的过程中，戴森发现气旋分离器能够有效吸取20μm直径的灰尘颗粒，而家庭环境的灰尘通常只有堪比香烟烟雾颗粒大小的0.5μm直径。同时，传统的气旋分离器无法吸取地毯绒毛和人的毛发，会直接将这些杂物从排气口喷出，重新污染环境。

与此同时，主流吸尘器厂家胡佛和伊莱克斯基于三个原因无意进行气旋分离吸尘器的研发：一是集尘袋的销售能够为吸尘器生产企业带来丰厚的收益；二是随着集尘袋集尘量增加，吸力不减弱的吸尘器没有出现；三是缺乏新技术竞争意识。詹姆斯·戴森义无反顾地扎进了气旋分离技术的研究，五年里经历了5000多个原型的制作和实验，最终在第5127个模型实验时设计出令人满意的吸尘器。戴森的目标明确：寻求增强气旋分离器捕集0.3μm直径的颗粒的能力。在5000多个模型的测试和实验中，气旋分离器的最佳直径、锥形截面的最佳角度、灰尘进出口的最佳直径、分离器入口管道的最佳形状、分离器出口的最佳长度等得到一一确定（图4-19）。

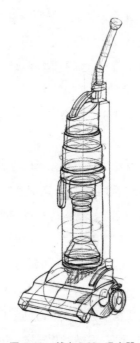

图4-19　戴森DC01吸尘器

尽管研究气旋分离萃取的权威专家断言气旋分离器可分离的灰尘的最小直径是20μm，大多数人听了权威的论断都会立马放弃努力，而戴森偏偏不信，执着地进行各种实验，通过不同的实证检测，努力提高气旋分离器的工艺水平，终于在气旋分离核心技术上取得了重大突破。气旋分离器经过几年的研究，在1982年确定了核心技术，从此詹姆斯·戴森开始进行吸尘器整机的研究。当时，吸尘器有两种形式，即直立式和筒式，各有优缺点。直立式吸尘器可以推着行走，擅长于清理地毯，无法清洁其他东西，吸力也比较弱；筒式吸尘器可以手持杆子和软管进行清洁，吸力受制于集尘袋内集尘量，清洁地毯效果不佳，清理其他材质地面效果较好。经过观察和分析，詹姆斯·戴森决定将两种产品的优点结合利用，把筒式吸尘器的电机连接到直立式的吸尘器上，并且配备软管，以方便清洁各种不同的墙面和地面，吸尘器手柄可拆卸，可伸缩的软管适合自由操作，机身的自动转换阀可以将吸力从吸尘器头转移到软管。戴森于1993年成立了戴森家用电器有限公司，研发、经营、销售家电产品，并且将利用精益工程、提升材料利用率实现轻量化产品作为戴森工程师的工作指导原则。此后，戴森公司利用不同的技术方向的研究成果在家用电器领域深耕细作，成为行业的领头羊。

（2）依靠核心技术不断迭代获得更多创新

气旋分离核心技术的形成和发展，推动了吸尘器领域的革新（图4-20）。

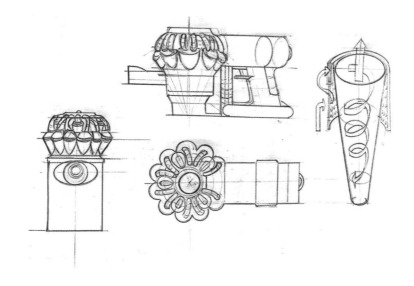

图 4-20　戴森多级旋风吸尘器

经过詹姆斯·戴森的改进，采用气旋分离技术的新式吸尘器具有良好的性能和操控感。戴森公司围绕气旋分离技术不停地研究和发展，使气旋分离技术不断迭代创新，经历了单旋风→双旋风→多旋风→多级旋风的发展，并且结合气旋分离锥体底部的微振动装置和其他结构的优化，使用更小、更多的锥体，提升了气旋的效率，并且有效减小了吸尘器的体积（图4-21）。气旋分离技术不断发展和创新，戴森公司在吸尘器领域的技术研究越来越深入。

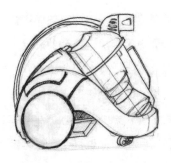

图 4-21　戴森 DC02

另一个核心技术是数码电机。戴森最早使用日本制造的、当时能买得到的最好的电机，但这种非智能型电机无法实现灵活控制，而且笨重，换向器通电易碎、易发生故障、磨损快，不能高速运行的电机很难提高涡轮的转速及吸尘效率。为了应对电机问题，戴森决定研发更高效、更小、更轻巧的电机。高速轻巧的电机能够满足高效、节能、环保、手持舒适、外观轻巧等要求。通过电机的改进，提升涡轮速度至 12000r/min，是原有涡轮速度 3000r/min 的 4 倍。然而，涡轮转速和离心力成正比，如何在提升转速的同时降低离心力呢？随后，研究发现涡轮体积越小离心力越小，高速小体积的涡轮同时可以实现高速、轻巧的电机设计，自此戴森将涡轮直径从传统的 1400mm 大尺寸减小到 40mm，成功研发出更小、更轻、更高效的电机。

但新问题又出现了，高速旋转的电机会产生巨大的横向力，轴承需要小直径、高精度才能承受巨大的离心力，这限制了轴承材料只能选择具有高承压能力的 PEEK（聚醚醚酮），以抵御高速旋转带来的各种问题。传统电机通过电刷产生磁场启动机器，启动速度缓慢笨重，如果电机能够突破，启动速度就可以提升。研究后发现，可以通过电路板芯片内部的数字信号交换快速启动电机而不用采用任何机械装置，数码电机应需而出。D12 吸尘器针对小空间设计，采用了戴森数码电机技术，能够实现无刷，高转速，更轻、更小、更耐用、更节能，无排放，速度、功率以及能耗可控。2020 年后，数码电机技术广泛应用于戴森的产品，数码电机取代了传统电机，成为戴森不可或缺的核心技术。数码电机使得戴森吸尘器更为舒适、轻巧，使用更方便，大大超越了其他品牌的同类产品，成为该领域的领头羊。

随着更深入地研究，戴森发现传统电机随着海拔升高，空气密度降低，运转受到很大的影响。为解决这一问题，戴森安装了高度仪，电机运转可以根据高度进行调整，以适应海拔的变化，避免环境改变影响电机的效率。

戴森以气旋分离及数码电机两个核心技术推出了以吸尘器为主轴的一系列产品，从早期 DC01 单气旋分离器吸尘器到 D15 32 个气旋分离器的球轮吸尘器，气旋分离技术快速发展。吸尘器的更新换代和吸尘技术的革新对电机提出了新的要求，催生了 D12 数码电机的应用以及戴森对锂电池和手持吸尘器、无绳吸尘器的研究。戴森 D16 吸尘器作为戴森第一款手持吸尘器，通过软件和电子电路的改进，使得其直至电池电量耗尽都能够保持良好的吸尘效能，而不是像其他吸尘器一样随着时间延长电量耗尽，吸尘器吸力下降。

核心技术环环相扣，不断推动创新，戴森对气流的研究专业性越来越强，越来越得心应手，相关产品及应用领域逐步扩大。以两个核心技术为基础，戴森的工程师根据片状气流技术推出了通过高速片状气流刮掉手上的水的 Air V 干手器，能够整合出水洗手和干手功能于一体的 Airblade 水龙头（图 4-22）；根据气流倍增技术，成就舒适风力的气流倍增无叶风扇和冷暖可调空气净化扇。在研发干手器和吸尘器技术的过程中，又触发了 HEPA 滤网的研究，从而推出了空气净化扇。

图 4-22　戴森 Air V 干手器和 Airblade 水龙头

数码电机和气流技术的研究催生了高效、低噪声、轻便、对头发友好的 Supersonic 吹风机。为了设计完美的吹风机，戴森研发人员扎进了美发技术和头发相关理论的研究，陆续推出了 Airwrap 美发造型器、Corrale 美发直发器（图 4-23）。戴森围绕两个核心技术源不断地创新，同时对不同领域的产品进行深入研究，相关的新产品通过新的技术在新的专业领域也获得了超越性的突破。

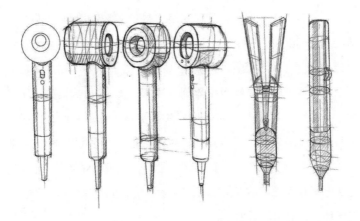

图 4-23 戴森美发系列产品图片（黄丽、黄佳凤绘制）

戴森始终秉承的信念是："在设计原型机、制造、测试、校正和改进产品中，创新设计都意味着要解决问题。"深入骨髓的创新追求，使得戴森始终充满了活力。发现产品的问题，分析问题的成因，不断地探索最佳解决方案，工程思维提供戴森源源不断的发展动力。将解决问题、提升产品的性能作为设计的核心，联结了诸多产品领域，开拓一个新领域就努力成为这个领域的技术领航人，戴森的特质使得其产品和设计从成熟的家电产品领域脱颖而出。

（3）以需求驱动创新

① 个人需求驱动创新。

个人需求的不满足最容易被发现。詹姆斯·戴森当初因为自己使用独轮手推车的体验不佳，开发了球轮手推车，手推车的喷漆问题引发他去研究气旋分离技术，系列问题的解决和新问题的层出不穷和积极求解，推动了技术不断创新。个人需求作为重要的创新触发机制，探索个人需求的满足就成了发明创新的起点（图4-24）。

② 用户需求驱动创新。

重视大多数用户的需求。戴森研究发现，在韩国很多人每天要使用吸尘器若干次，高频使用情境下，轻便小巧、易收纳、易使用、适配不同情形成为吸尘器的必要特征。针对这样的需求，戴森推出了轻巧型的 Digital Slim 吸尘器，重量不到 1kg。适合东亚家庭日常清洁的戴森 Omni-glide 万向吸尘器带有双软绒滚筒刷条，可以全方位清洁家居环境。

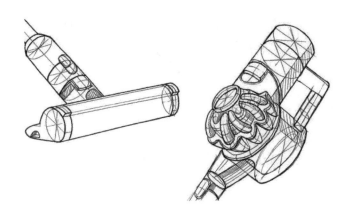

图 4-24　戴森 V8 吸尘器（黄丽绘制）

③ 市场需求创新。

对于用户市场的差异，以有针对性的问题解决方案应对。韩国的美容行业在整个亚洲乃至全世界有很大的影响，戴森 Supersonic 吹风机在韩国一经推出即获成功，有大批用户。为此，戴森于 2019 年在韩国设立了研究个人护理产品的实验室，实验室的工程技术团队与潜在用户积极交流，并且通过电子显微镜研究头发图谱以获取用户头发数据，评估头发状况。这样直面用户的研究响应了用户的需求，无论这种需求用户自身是否已经觉察，一经挖掘，就立马获得回应，比如戴森 Corrale 美发直发器。

日本某杂志曾经指出，戴森吸尘器无法吸干净吸附在地板上的灰尘，吸尘器所过之处地板上会留下一层薄尘。戴森的工程师们研究发现，因为静电的缘故附着在地板上的灰尘确实难以靠常规吸尘器清理。为了解决这个问题，戴森设计了一种防静电碳纤维刷毛来吸除因静电而附着在地板上的灰尘。而与日本用户的要求不同，韩国用户和中国用户通常使用高抛光、强反光的地板，清除灰尘任务的执行程度为这两个国家的用户所关注。由此，戴森开发了一种激光探测技术聚焦灰尘，通过压电式声学传感技术反馈吸入的不同大小的灰尘的数量，从而满足了市场和用户对清洁需求的差异。

中国用户对室内空气质量要求高，对甲醛挥发物关注，这驱使戴森开发了具有 HEPA 双层过滤功能的空气净化扇（图 4-25）。戴森作为一家在科技上有充足研发动力和具有领先地位的企业，能够用心倾听市场和用户的心声，把用户心声作为用户体验提升的重点，敏锐地发现市场需求和用户需求，抓住机遇，依靠过硬的研发技术和解决问题的热情，积极回应用户。

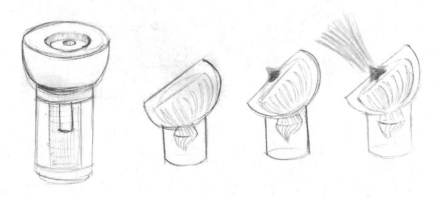

图 4-25　戴森空气净化扇

④ 以技术需求驱动创新。

当然，在戴森的研发道路上也有很多的产品因为各种各样的问题没有得到市场的积极响应，推出后逐步退出了人们的视野，如 1993 年应用气旋分离技术的柴油机过滤器（气旋式废气过滤器）、1995 年的 Contrarotator 反向旋转双滚筒洗衣机、以戴森组件为基础开发的管弦乐器等。从这些产品来看，戴森有很多"不务正业"的发明未获市场认可，但正是致力于解决研发过程中各种问题的初心，使得企业内部时刻充满了创新的活力，形成了企业整体的创新思维。

戴森还通过外部创新"点子"激发内部的新思维。其每年举行全球性的设计竞赛，鼓励在校大学生以创新的"点子"参赛，激发大学生的创造力，在竞赛中涌现出了很多具有深度的作品，启发企业内部的创新思维。

戴森在相关技术方面如涡轮、电机、空气动力学、流体动力学、材料、软件、人工智能、机器学习、能量存储、声学、超导和其他创新领域都有工程师团队进行专门研究，也逐步建立了很多相应的实验室，比如灰尘实验室、电磁实验室、半消声实验室、电机开发实验室、新技术电池实验室、微生物实验室以及适应各种产品小规模生产的实验室。戴森在研发方面投入巨大，企业文化鼓励创新、发明，擅长由一个技术延伸出更多的技术的探索，通过气旋分离技术的研究，慢慢地发展了吸尘器、干手机、电吹风、空气净化机等不同产品。技术成为推动戴森发展的源源不断的动力。

戴森的技术研究往往出于以下几点：

a. 从需求出发，为了解决需求中的技术问题，进行各种技术研究。为了解决球轮手推车钢架干粉喷漆时粉末飞扬的问题，詹姆斯·戴森最初用大电风扇进行扬尘收集实验，结果不理想，只好寻找其他解决方案，摸索出气旋分离器，并自行制造了大型气旋分离器。此后，围绕气旋分离技术进行研究，形成戴森自己的气旋分离技术，并成为企业的核心技术。

b. 主动出击，致力于对产品相关问题的全方位深度解读，投入相关技术进行极致求解。如戴森的电吹风，将研究重点放在吹风机的噪声和头发护理的问题上，凭借已有的气流研究成果和数码电机技术，解决了噪声问题。同时，洞悉了吹风机的其他问题，尤其是吹风机的隐性问题"头发健康"，向来被其他吹风机企业忽视。戴森对头发进行了电子扫描，用图谱分析评估头发状况，形成头发护理建议，将头发分析研究到极致，成果也在相关领域获得应用。一般的企业在面临头发问题时，觉得过于复杂，研究成本高，效益不明显，可能直接就放弃对头发问题的研究了。

c. 体验至上，催生新技术、新工作方式。努力利用智能技术提升产品的用户体验。戴森的工程师们设想在没有干预的情况下，利用智能技术自动为用户完成尽可能多的任务。如戴森的空气净化风扇，能够根据室内空气监测情况，自动对空气中的污染物和挥发性有机化合物进行反馈和处理，过滤空气，送出清新空气，并显示空气质量指数，无须与用户交互。高效的手持吸尘器随着戴森数码电机的发展成了可能。戴森的工程师们发现吸尘器的电线限制了吸尘器自由移动，他们将人机工程学的合理设计配以高效的吸尘能力，将电池和数码电机集成在手持把手上，设计出了轻巧好收纳、高效能、体验优良的 Digital Slim 吸尘器，一经推出即获得成功。

⑤ 借力打力更新技术、更新产品，扩大优势技术和拓展产品领域。

围绕核心技术进行相关领域研究，在拓展产品领域的同时，促进新核心技术的形成。戴森的吸尘器系列产品围绕气旋分离技术而生，随着气旋分离技术的发展，戴森对气流的深度研究激发了其在气流相关家用电器领域发力。空气净化机、冷暖扇、干手机甚至吹风机都是基于气流核心技术衍生出来的新领域的产品，这些产品的研究过程又推动了戴森对产品涉及的其他相关领域的技术研发，如 Supersonic 吹风机涉及噪声问题和头发科学问题。戴森为不损伤头发而专注于头发科学研究，催生了美发系列家用电器的革命性进步。戴森善于借力打力,充分应用核心技术。数码电机广泛应用于戴森的产品,解决了高速电机的问题,同时又解决了噪声问题。其最初在 DC12 上应用,由于数码电机价格较贵,随着生产制造技术的发展,几年后才在戴森吸尘器上广泛使用,为手持无绳吸尘器的出现提供了可能。使用数码电机的产品,具有转速高、噪声小、轻巧、节能、节约材料等特征,其使用范围不断扩大,在冷暖扇、干手机上都有应用。数码电机成为戴森的核心技术之一。

  由于戴森在技术和用户体验上的极致追求,其产品的性能相较于同类产品有很大的优越性。戴森作为技术实力派从一众家用电器企业中脱颖而出,成为成熟家电领域的领头羊。戴森善于将一个项目中的成功经验扩展到其他项目或新的项目中,将卓越的技术应用到更广泛的领域。正是因为戴森的企业文化中的创新因子,执着而优异的研发能力,善于应用新技术,使得戴森成为家电产品研发、生产和制造的佼佼者。

4.3 巴慕达的设计

  在家电领域,还有一个创新的佼佼者,其用不同的理念催生创新。日本的巴慕达(BALMUDA)在我国鲜为人知,却因为其独特的设计创新理念在日本本土和国际上的时尚生活方式家电制造领域有很高的知名度,产品也定位于高端市场。巴慕达以"制造更好的生活道具"为理念,在产品开发过程中,将用户体验放置在首位,从"极客"体验出发,追求产品的极致体验,并将这种抽象的感性因素转化为可感知的体验要素。创造超越常规产品的使用感觉,激发良好多感观体验的产品成为其研发方向。比如为了使使用者在触碰电风扇时获得舒适的感觉,巴慕达给 GreenFan Mini 的底部和按键等黑色部件镀上了一层膜,获得了类似橡胶的触感,提升了消费者的触碰体验,转变了原有产品按键坚硬冰冷的触感,从而衍生出软硬适度、温度触感适宜的触摸体验,而打造这样的体验需要多付出几百日元的成本。细致入微的体验尽管很抽象,却是最容易打动消费者的,我们可以从巴慕达产品研发过程中对产品的思考和定位来探索巴慕达如何让产品获得灵魂。

  (1)巴慕达的发展历程

  2009 年之前,巴慕达自行研发了一些计算机配套产品,进行了高水准的设计和生产，然而产品投放市场后不温不火。这些产品从设计师自身的需求出发，但没有走出一条成功的道路，使巴慕达陷入困境。创始人寺尾玄研究了大企业的成长过程，发现如果能在某个较小领域挖掘到大量消费者的需求，并且产品能让大多数人接受，使其感到喜悦和必要，产品就有成功的希望。否则，再优秀的产品也会遭遇挫败。Kano 曲线理论显示，让人惊喜的产品能够让消费者对产品的好感大幅提升。自此，巴慕达将企业价值观从"制造自己想要的产品"转变为"制造大多数人觉得必要的产品"。与戴森围绕核心技术兼顾用户和市场需求的产品发展路线不同，巴慕达从消费者的需求和体验出发，寻找技术方案解决问题。寺尾玄敏锐发现清洁能源和全球气候变化成为社会的焦点，如果从冷暖气流交换节能领域进行突破，就可以顺应社会发展的趋势。巴慕达便以传统的电风扇作为逆转企业命运的钥匙，在竞争激烈的成熟家电市场获得了成功。关注到普通电风扇送风过程形成的涡流是噪声产生的原因，而且传统电风扇迎面吹风的触感让人不适，巴慕达推出了具有节能、高效、怡人特征的 GreenFan 系列电风扇。受工厂里的工人为获得舒适的风将电风扇对着墙面吹，通过墙面反射获得柔和的风而不是产生涡流的风的启发，巴慕达重新设计了电风扇，对扇叶进行了革命性的改变，使用双重 9+5 型扇叶改变了"风的构造"，在弱风情况下功率仅 3W，能将噪声控制在 13dB，同时送出自然柔风，人们迎着电风扇的时候感到了温柔的触感，获得了"被动"造风的舒适体验（图4-26）。以 GreenFan 电风扇为契机，巴慕达陆续推出了无绳电风扇 GreenFan Mini、GreenFan Cirq、GreenFan Japan 及 JetClean（AirEngine）、SmartHeater 等与气流相

图 4-26　巴慕达 GreenFan 9+5 型扇叶

关的小家电产品,将用户体验作为产品发展的核心,进行产品设计和制造。在其他小家电领域,巴慕达致力于打造与众不同的用户体验,推出了烤面包机、空气净化机等产品。

巴慕达将自己的产品定位为"让人们更好地生活的道具"。因其小家电形态简洁现代,常常被归类为"时尚家电"。时尚意味着转瞬即逝,很多做时尚家电的企业为了抓住产品风口,往往不停地通过产品外观快速迭代来抢占市场,忽视产品的内在性质,不愿意投入资金进行内部结构、性能以及用户体验的提升。巴慕达反其道而行之,奉行"用户体验至上",将产品是否给人们提供了切实的便利作为设计的目标,认为便利和舒适等体验感优先于其他因素,技术、结构、性能服务于体验。巴慕达甚至连开箱组装风扇的手感都进行了设计,以区别于其他的品牌,这种对细节的极度考虑和关注成就了巴慕达的设计品质。

在项目开发的过程中,市场调研的结果很可能相互矛盾,因此巴慕达的设计决策倾向于由公司内部讨论结合成本核算做出,这并非巴慕达无视用户的意见,相反,其善于从"极客"用户意见中发现闪光的想法。这比完全满足所有用户的意见要有效得多,因为很多用户对自身的需求不敏感,难以将体验的感受进行明确的表达,而"极客"用户能够细致体验产品并描述需求,以"极客"用户体验导引的产品研发可以成就不一般的产品。

巴慕达最先火爆市场的产品——GreenFan定位于高端消费群,致力于为用户提供"舒适的风"。巴慕达围绕电风扇外观和性能进行市场调研,发现超出同类普通产品6倍价格的电风扇,即使没有进行现场体验,仍然有一些消费者愿意买单,他们愿意花费数倍的价格享受优质的产品细节和体验。关注到这一点,巴慕达将90%的时间和研发资金放在细节和性能的提升上,将产品定位于高端市场,希望通过精心的设计实现舒适的风,由设计营造高端产品应有的氛围。

(2)注重产品的功能和性能给用户带来的便利,以"极客"体验驱动创新

巴慕达对产品的细节追求极致,无论是外观还是性能都精雕细琢。研发的过程也是一点一滴地研磨细节,甚至内部主要零件如电动机、过滤器的位置、整体的比例等问题都进行了考量。对JetClean(Air Engine)空气净化器的整个内部结构进行了重新设计,为了获得高性能的推进器,对100多个推进器原型进行了实验,最终获得了成功。内部结构采用双推进器,顶部采用GreenFan特有的双扇叶形式,以

增强空气吸收能力，底部采用涡轮发动机，使其拥有大大超出其他同类产品 12 倍的强劲吸力，能够将室内空气中的微粒子彻底吸入。

巴慕达的蒸汽烤面包机由设计师 2000 多张草图形成设计方案并经过原理实验后，仍然进行了多次设计实验。包括对不同种类的面包进行烘烤的实验，对内仓尺寸、加热管位置、反射板角度等细节因素逐一验证和调整并为此进行了 1000 多个小时的实验，以期达到每一种面包的烘烤都可以获得最佳的口感和风味。

如图 4-27 所示，巴慕达蒸汽烤面包机与其他烤箱区别最大的地方在于，其顶部在烤箱门打开的时候露出了一个注水口，能够通过注水口加入少量的水并蓄水，在烤箱工作过程中，储备的水形成蒸汽，使得烤箱内部形成潮湿的烘烤环境，面包复烤时能够增加水分，变得潮湿而柔软，如同新鲜烘烤的面包那样，口感和风味俱佳。

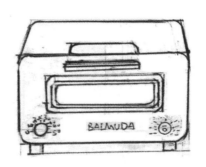 

图 4-27 巴慕达蒸汽烤箱

（3）注重产品细节，创造舒适生活

巴慕达的最终目标是为用户营造舒适生活，制造高质量的家电。为了高品质感，注重产品直观的外部细节、产品的质感和高级感以及产品的性能，无论多小的细节，巴慕达都认真对待。

① 精耕细作的 CMF。巴慕达的 JetClean（Air Engine）空气净化器的主体部分的 CMF 精益求精，使得 JetClean 的颜值加分。最初为了提升空气吸入口的抗冲击能力，打算使用薄金属来制作，金属质感触摸舒适、不易断，而且有极高的精度，给人带来高级的感觉，但后来发现金属进气口的精度和质感容易受限。而塑料薄、易变形往往容易给人以廉价的感觉。经过反复实验，最终改成厚塑料，依靠造型细

节和 CMF 细节，提升塑料的质感。区别于同类产品常规的 2mm 厚度，JetClean 将主干部分的材料加厚成 3.5mm，增加重量的同时给人以结实的感觉，消费者在移动产品时会由此产生产品高品质用料的印象。同样的手法应用在加湿器 The Rain 的设计上。The Rain 的主干部分采用了 4mm 厚的塑料。Smart Heater 取暖器更是采用了难以量产的 8mm 厚度的塑料，这个厚度的塑料强度很高，耐摔，但对生产工艺产生了巨大挑战，塑料从金属模具中取出、冷固的过程只能通过夹具来保持形态。正因为对厚塑料的钟爱，使得巴慕达的产品都拥有独特的重量、质感和触感，同时因为强度足够，内部可以依靠简单的结构支撑，实现了结构的简约设计。厚塑料的使用有得有失，一方面会增加制造的成本，另一方面却提升了产品外观的高品质效果，使人产生高级感。同时，Smart Heater 取暖器通过中空的铝材进行散热，使得取暖器升温速率比其他取暖器快 5 倍。

②耐造的造型细节。利用 3D 打印机反复打磨 Smart Heater 的外观，从收纳角度考虑，将不利于收纳的圆形变成方形，并且对空气吸入口的位置、形状、质感以及与性能匹配的细节都来回推敲。显示器灯光闪光方式，边缘、棱角处理等细节都经过了推敲。为了确认获得柔和舒适的 LED 透明度，不厌其烦地以 0.1mm 为单位递增以确定灯罩材料的最佳厚度。外观的形式、比例也是通过纸质模型反复调整，并在最后通过等比例金属模型来检验比例、质感、边缘处理、操作部分的发光效果。

③沉浸式操作体验设计。为了使用方便，GreenFan Cirq 只要放在充电插座上即可充电，电风扇经过设计可以轻松移动，人无须弯腰即可拔下电风扇的插头。电风扇能够转动 150°，按下停止键，电风扇无论转动到哪个角度都会转回中间位置后停止，让"启"和"止"在无形中保持一种位置的仪式感。Smart Heater 取暖器在用户可触摸的表面上覆盖了硅胶，用户即使触碰也不会被烫伤。The Rain 加湿器应用其"只要向水壶注水就开始加湿"的理念，整体的外观设计成壶状，无可拆卸式水箱，消费者无须拆卸水箱再安装水箱，只要向 The Rain 顶部注水，加湿器就被启动了，消除了原来加湿器使用过程中加水的不便，回归自然的操控方式，用最自然的动作仪式性地启动了机器，巧妙而又自然，不被传统的操控方式所束缚（图 4-28）。

④适度设计哲学的应用。虽然用心设计，但尽量让用户感受不到设计师努力设计的痕迹，让产品尽量地融入室内空间，和其他物品共存，在保持美观的同时适度

图 4-28　巴慕达 GreenFan Cirq 电风扇、The Rain 加湿器

设计。产品与所处的环境和谐共存，是适度哲学的特征。

⑤ 从产品找问题或从用户找问题。家电企业都会对原来的产品进行改进，很多企业基于原来的产品进行迭代。巴慕达则是围绕用户的生活去还原产品应有的形式，关注的是用户的生活。例如 The Rain 加湿器。加湿器一直以来的问题就是水箱，要设置合适的注水口以易于注水而避免水花乱溅，能够适配各种高度的水槽，并易于从不同形式的水龙头下接水。其他企业的做法是扩大注水口，尽量减少水箱的尺寸来实现。而巴慕达反其道而行之，既然水箱带来的问题这么多，不移动水箱、不需要打开盖子直接注水，问题就迎刃而解了。

（4）执着寻找用户极致体验的解决方案

巴慕达将用户感觉舒适愉快的体验转化为产品设计，设计师们善于沉浸于使用情境，将积极的情绪转化在产品的使用过程中，对人们舒适、愉快、放松的体验进行分析，结合身体在经历这些体验时的愉悦感觉，最后将积极的情绪转化到产品的设计中，创造了让人耳目一新的产品。

GreenFan 诞生于寺尾玄拜访工厂时，他发现工人使用电风扇时，因为普通电风扇在吹风过程中形成的涡流让人感觉到非常不舒服，喜欢将电风扇朝着墙壁吹，以获得经墙壁折返的舒适柔和的风。如何将电风扇的风变得柔和而又不损失清凉的感觉，成为巴慕达设计电风扇追求的目标，设计师们努力从流体力学知识中寻找答案，经过 6000 多个实验找到了解决方案，突破了常规电风扇的限制。

巴慕达在设计烤面包机的时候，想寻找与众不同的设计方案，让消费者感觉到使用这款烤面包机的必要性。他们发现，新鲜烤出来的面包特有的湿润、柔软、香味，使得面包口感比放置一段时间的面包要好很多。于是，巴慕达的设计师们致力于寻找一种方案，让面包无论放置多久抑或从冷冻室拿出来，复烤后都能和新鲜面包一样具有独特的香味，足够湿润和柔软。他们做了很多的尝试，都没有成功。一个雨天，巴慕达的设计师们在雨中烤面包，发现空气中足够的湿润度能够使面包有如新鲜出炉一般，设计师们受此启发找到了解决方案。他们最终开发了 The Roaster 蒸汽小烤箱，在烤箱顶部有注水口和小容器，可以在面包烤制过程中喷水珠，为复烤面包营造了潮湿的环境，使得放置较久失去水分的面包重新获得外酥内软的口感，让面包烘烤"化腐朽为神奇"，并且可以改变以往烤面包过程中需要经验来判断的方式，根据不同的面包品种设置了不同的挡位，用旋钮控制，用户可以轻而易举地操控烤箱，易用性上完胜其他烤箱。

体验是抽象的，是非常难以捕捉和转化的。巴慕达在设计的过程中，将抽象的体验转化为具体的产品指标，并且努力地通过技术整合实现这种体验。灵感源自设计师自身的生活经历，经由设计师灵敏的"触角"寻找细微差别背后的原因。设计师执着于问题的解决和各种尝试，从为用户提供有品质的产品出发，最终利用经验为用户创造具有愉悦感和幸福感的产品。

4.4　围绕用户需求创新

根据用户的需求进行创新是最基本的创新路径，也是前面章节主要解决的问题。通过用户研究来发现问题，一方面通过工程技术和设计手段解决用户遇到的产品使用问题，另一方面通过设计手段提升用户体验，让用户对产品的满意度提升。

产品同质化日趋严重的时代，使用产品的时间成本、学习成本以及使用体验成为用户选择产品的标准。一方面，用户数量催生了市场需求，用户喜好左右产品的生命周期；另一方面，用户挑选产品越来越理智，对产品的选择也易受其他用户的影响。好的产品设计能够关注产品、环境和用户的矛盾，发现用户体验问题，抓住产品的痛点，进行创新和提升。

第 5 章　　设计表达

5.1　手绘草图绘制　　　　144
5.2　产品设计常用的软件　　155
5.3　设计版面　　　　　　158
5.4　展示视频制作　　　　175
5.5　设计模型制作　　　　177
5.6　设计报告的制作　　　178

设计需要和不同专业背景的专家沟通，也需要设计师厘清设计的脉络，探索设计的细节，呈现设计的结果。需要通过不同的表现方式来实现设计过程中沟通交流、呈现展示。

5.1 手绘草图绘制

项目进展的不同阶段需要不同形式的表现，以实现有效沟通。在设计初期最有效的表现方法是手绘草图。即使 AI 技术出现，设计师通过 AI 技术来寻找设计方案，也需要在设计初期和中期通过好的手绘技术来获得与众不同的启发设计。为避免与同行方案撞车，最好的方法也是采用具有个性化特征的手绘来表现。图 5-1 所示为戴森吹风机手绘草图。

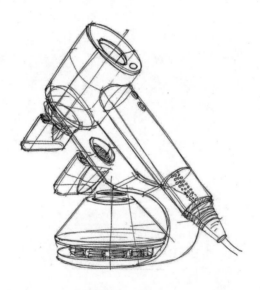

图 5-1　戴森吹风机手绘草图（陈玲江绘制）

手绘草图是设计过程中沟通和探索设计方案的高效手段。其在正式绘制效果图、建造三维模型之前采用，作为沟通介质，具有重要的作用。但很多学生在掌握了二维和三维建模方法后，往往会忽略草图的绘制，在产品设计中，无法通过草图来表达设计想法；在进行设计探讨的时候只能通过言语描述，无法将自己的设计构想在沟通过程中通过笔和纸以完整的逻辑、清晰的条理呈现。

5.1.1 手绘的作用

好的设计草图可以用来说明设计构想，通过图进行分析和探讨，方便与其他领域的专业技术人员进行沟通，减少设计细节经由三维模型和二维模型呈现的用时，快速有效地表达设计概念。草图是表现设计的好工具，可以迅捷地探索设计方案，能够呈现设计的细节，表现产品使用的方法和尺度空间、情境等，能够事半功倍。产品设计、工业设计专业的学生最好能够坚持用草图来表达想法，而不是建模后再推敲细节。建模过程较长，不利于快速高效实现设计概念的表现。相较于草图，三维和二维模型的建立都需要几倍甚至十几倍的时间，动辄 1 小时以上。手绘草图是设计的思考和推演的重要环节，无论是对方案的推敲揣摩还是对个别部位的细节思考，都能够通过草图获得快速表现。手绘草图能够反映出设计的思考过程，推演设计方案并进行设计思维的呈现。手绘草图有以下常见类型：

① 一个设计概念的多形态方案呈现，如图 5-2 所示。

② 单个方案多个局部细节。

③ 相关的人机分析、产品分析及细节的推敲。

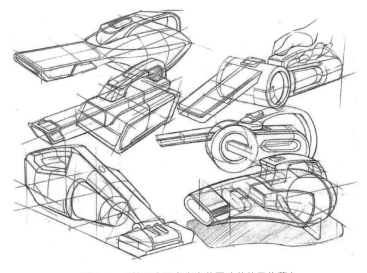

图 5-2 手持吸尘器多方案草图（黄佳凤临摹）

5.1.2 手绘的内容

通过手绘草图向别人展示设计，一张完整好看的草图，既要反映主题内容，又需要关注画面的排版和版面元素的组织。

（1）手绘草图上的常见要素

手绘草图通过合理的规划和设计呈现内容，不同视角、不同内容的图通过一系列的基本要素呈现。手绘草图中常见要素包括以下几个。

① 主视角视图：又称主图，是表现完整产品的最主要、最全面、最打动观众的视角的视图。一般来说采用能够呈现产品最重要设计部分的视角，常用产品的正交视角或60°视角。如图5-3所示电风扇的最佳视角以及转动的示意在图中获得了清晰表现。

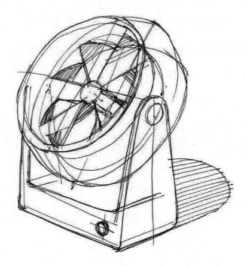

图5-3　主视角选择（陈玲江绘制）

② 辅助视角视图：又称辅图，是用以补充说明产品主视角，辅助表达产品其他视角的重要信息的视图。如图5-4所示，除了主视角视图外，叠加了辅助视角视图，表现了产品的正视角度的效果以及说明了握持的方式。

③ 功能说明：通过指示符号表达旋转、打开、拉伸、翻折、穿插等产品操作以及对使用、安装场景等进行说明。如图5-5所示，通过箭头示意搅拌棒搅拌头的插接及说明搅拌头的翻转方向。

④ 局部放大：用于辅助主视角视图及辅助视角视图表现，因为主图和辅图整体表达的尺寸限制，无法清晰地表达所有设计信息，如果用放大产品局部细节的方式表达，可以让主图和辅图中显示很小或者无法显示、但是有重要意义的细节凸显出

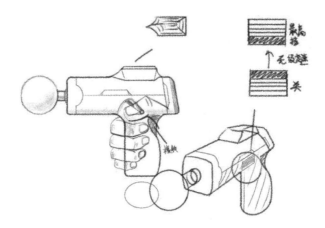

图 5-4　产品辅助视角示意图

图 5-5　单一方案多视角草图三视图 + 局部放大图（陈安琪绘制）

来。如图 5-6 所示为局部放大出风口蜂巢状设计细节和操控部分细节。

⑤三视图或多向视图：一般用三个方向的视图或者多个视角的视图表现产品的全貌，同时检验不同视角的比例、尺寸是否统一。一般在手绘草图中用以推敲产品的面衔接、过渡、细节处理以及尺度是否得当。图 5-7 所示为吹风机不同部分的衔接和变化细节的推敲。

⑥分析：设计构思推演迭代的过程，以及内部结构、不同部件的组装方式、组

装顺序、使用方法等,以产品形体分析、爆炸图呈现。如图 5-8 所示为筋膜枪的结构、组装方式的呈现。

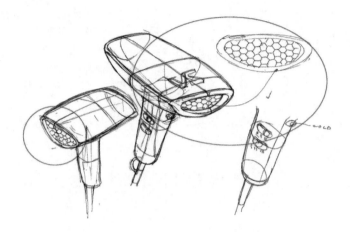

图 5-6　局部放大图呈现产品细节(黄宗拥绘制)

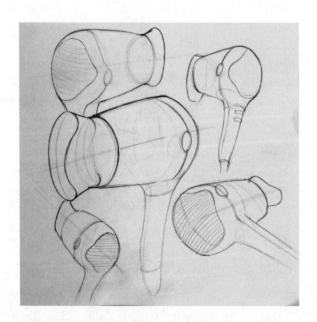

图 5-7　吹风机不同部分的衔接和变化细节效果图(叶泳婷绘制)

⑦ 字体:用于活泼整体版面,实现有效的视觉表达。画面中的文字还能起到说明的作用,如图 5-9 所示。

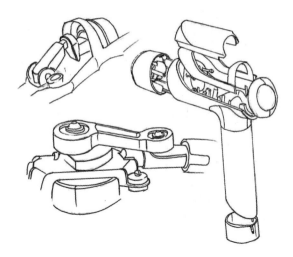

图 5-8　筋膜枪内部结构、组装方式爆炸图呈现（邹炳辰绘制）

⑧构图及层次：手绘草图的布局既要考虑设计概念的特征，又要根据图像和内容的重要性进行排版，以突出重点，不遗漏细节，主次分明。图 5-9、图 5-10 中有文字和次序的标识。

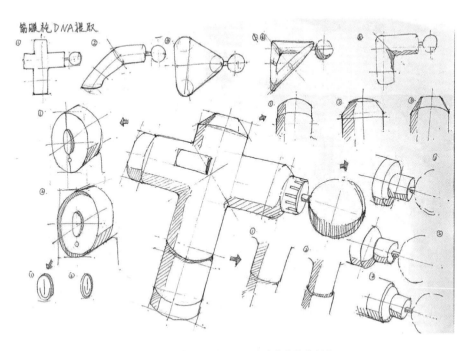

图 5-9　草图的构图和层次（黄伟恺绘制）

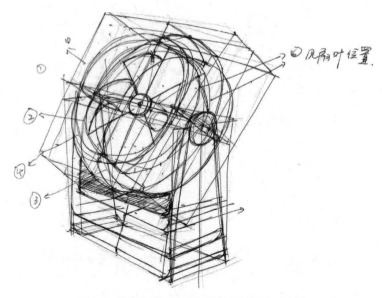

图 5-10 草图中文字的说明性作用（陈玲江绘制）

（2）手绘草图的内容

手绘草图从内容上看，有图像、文字、辅助图案（符号）、辅助线。图像在手绘草图中最为重要，产品设计的概念推演过程，产品的整体形态、细节、使用情境都主要依赖图像来表现（图5-11）。文字主要起说明作用，说明设计的主题、细节、

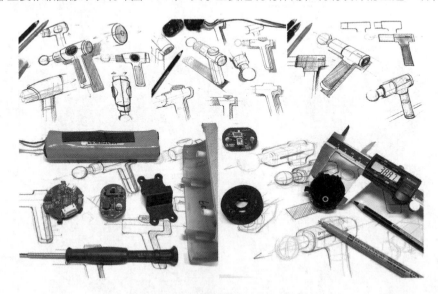

图 5-11 筋膜枪手绘草图（韩一睿绘制）

局部的特征。符号和辅助线起导引作用。

① 图像内容

整体效果图：选择最能反映设计特色的视角展现产品的整体形态，主要展示产品主要方向的整体效果，局部形态的细节可以省略不画，用以推敲产品的整体形态是否协调，产品外形风格是否符合构想，以确定产品大致的造型。如图 5-12 所示。

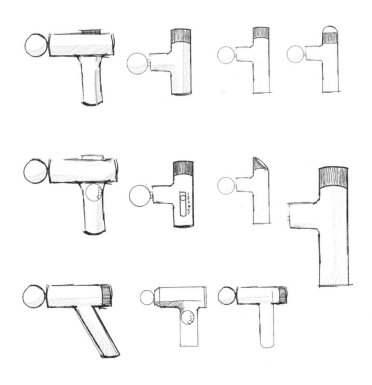

图 5-12　筋膜枪造型方案探讨（林可莹绘制）

局部特点表现是为了说明产品的各种特征，包括三个方面：局部的细节形态放大呈现；描述功能的变换，执行不同功能的部件的形态、接口细节等；产品局部的使用方法和情境。如图 5-6、图 5-13、图 5-14 所示。

产品操作方式解释以及人机工程学关系：动态操作产品的二维呈现，通过空间感和辅助线及符号实现，同时利用虚线来构建产品的移动及速度感，包括产品的控

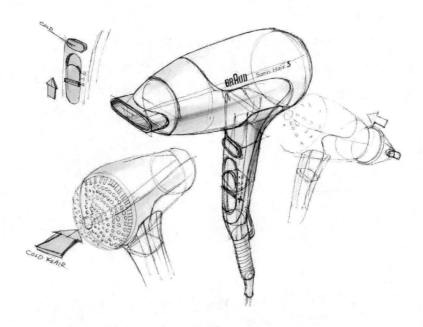

图 5-13　局部特点表现（1）（黄宗拥临摹）

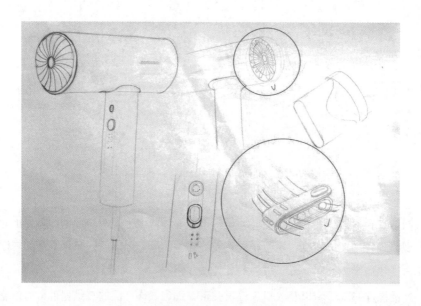

图 5-14　局部特点表现（2）（王晨曦绘制）

制模式、部件替换方式、材料添加方式、废弃物清除、携带方式、收纳方式、维修方式等。如图 5-15、图 5-16 所示为筋膜枪握持操控方式。

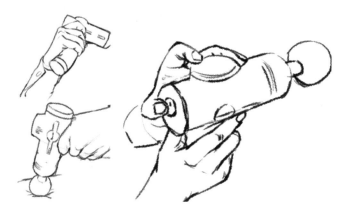

图 5-15　筋膜枪握持操控方式（1）

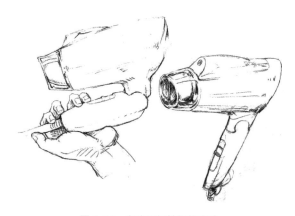

图 5-16　电吹风握持操控方式

描述产品与环境的关系：描述在场景中产品的使用情境，以修正不同场景中造型的契合度。一般会采用拉近镜头来凸显产品透视，其他附属的空间线条作为辅助；或者以非写实的方式描述产品和场景。

内部分析图：基于对产品原理的理解，以手绘草图方式研究产品内部空间的布置、零部件的组装、产品的结构。图 5-8 所示即为通过爆炸图呈现产品的内部结构或者零部件的组合方式。

从图像的内涵来看，主要有四类：产品主体图像、设计特点图像、背景图像、操控动作图像。前两种图像是产品的形态图像，后两种图像是起强调和辅助交代细节及其作用的图像。如图 5-17 所示，占据画面最大面积的为主图，位于画面中心；左下为辅助说明侧面细节的辅图；左上吹风口正向图是辅助说明正面形态的辅图；而右上、右中、右下以及左中为说明细节的放大图形。

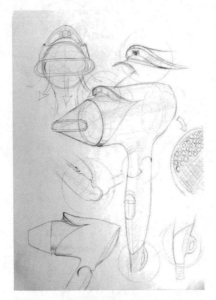

图 5-17　产品图像的类别（吴雨欢绘制）

② 文字

文字起辅助说明作用，在手绘草图中应该尽量以图说话，减少文字，除非图无法表达出相关的内容（图 5-18）。产品的主题也可以由文字表现。

③ 符号和辅助线

符号可以标定位置、指明顺序、表明部件关系。辅助线包括以下几种类别：导引视线，动态转换的方向，表现光线、视野范围、运动轨迹、隐藏部分等的线条。图 5-5 中的箭头表示运动的轨迹及操控的方向；图 5-10 中的序号表示隐藏部分的线条；图 5-17 中左上的辅助线表示风向，左中、右上、右中和右下的圆圈表明部件关系。

④ 背景

背景用来衬托主体以及梳理画面图像的关系和布局，包括几何、线条、图像、文字四种类别。如图 5-18 以及图 5-11 所示的拆卸的零部件用于丰富手绘草图的画面。

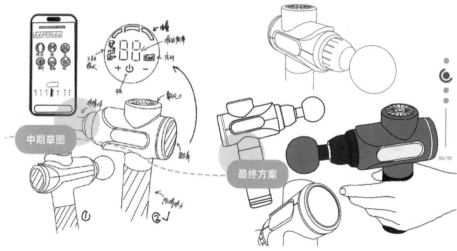

图 5-18　说明性文字（柳聪绘制）

⑤ 阴影

阴影是用来增加产品立体感和表现产品空间关系的色块或线条。如图 5-3、图 5-11 所示的阴影。

产品的手绘草图可以用于灵活快捷地探讨设计方案、设计细节、产品人机交互关系，一根好笔胜过千言万语，用语言讲不清的细节和操控方式，用手绘草图表达则简明易懂，相较于制作二维、三维效果图要节约很多时间，尤其在产品设计的前期和中期可以发挥巨大作用，直至确定设计方案。在后期修改过程中，手绘草图还能够作为寻找设计方案的有效工具，而且能够在多学科融合的设计中有效地组织沟通。产品手绘草图绘制过程结束，选择好方案后，就可以着手用设计效果图来精致地呈现设计成果了。常用的二维、三维、动态软件在设计表现上各有优点，可以根据需要来选择。

5.2　产品设计常用的软件

一般产品设计常用的软件有专门的课程进行讲解，本课程仅做简单的介绍。在手绘草图的基础上，为了建立拟真的产品形象，可以用传统手绘、手绘板或者用二维、三维软件来绘制产品效果图来表现产品设计的概念。设计产品造型和排版常用的二维软件有 Illustrator、Photoshop（PS）、CorelDRAW、InDesign（ID）、AutoCAD、Figma 等；Illustrator、Photoshop 和 AutoCAD 可以用于效果图绘制，三视图、尺寸图制作以及可视化信息图标制作；Illustrator、Photoshop、InDesign、Figma 可用于产品的排版呈现。三维软件主要有 Rhino、Blender、Cinema 4D（C4D）、3DS MAX、SolidWorks，可以用于质感、空间感、结构、动画氛围等的表现。其他辅助软件有 KeyShot、Final Render、Brazil，用于渲染带光影的效果图。Cinema 4D、Blender 可以同时用于建模和渲染及动态呈现。

5.2.1 二维软件

二维软件中既有位图软件 PS，也有矢量图软件 Illustrator、AutoCAD、Figma。AutoCAD 是工程制图软件，绘制尺寸图、爆炸图非常方便。InDesign 是桌面排版应用程序，用于印刷品的排版，是 PageMaker 的继承者。Figma 可以联网使用，协作修改和编辑文件非常方便，适用于团队作业制作报告。

① PS 位图软件绘制的图形放大到一定程度会出现栅格。其用于精修效果图、照片，处理产品效果图细节，合成产品效果图和背景；也可以用于制作产品效果图，不过需要在分辨率和幅面设置上仔细考虑。图像精度受缩放影响。

② Illustrator 矢量图软件绘制的图形的精度不受分辨率影响，但往往在版面设计中将矢量图转化为位图使用。其可以绘制产品效果图、三视图、尺寸图，制作界面和图标，简单处理效果图，以及排版。应用二维软件制作的光影效果图相对于三维软件来说比较呆板，精细效果图的绘制需要花很多的时间调整形体和色彩的细节，而且无法实现氛围的拟真。

③ InDesign 广泛用于排版和整理版面内容。

④ AutoCAD 用于绘制标注尺寸的三视图、爆炸图，图纸上可以清晰地表现产品的三视图、零部件尺寸等，是工程师最常用的二维软件。

⑤ Figma 为 UI 设计师常用的在线协作式 UI 设计工具。其基于浏览器，可以多人协作共同修改和编辑设计文件，一个链接地址指向设计文件。设计师可以跨不同的系统（Windows、Linux、Mac）作业，但文本处理易出错，而且不易发觉，可用于协作设计产品报告书，以及协作设计产品效果图的版面。

5.2.2 三维软件

Rhino 简单易学，使用广泛；Blender 相对易学，是整合了建模、渲染、动画功能的综合性软件；3DS MAX 曲面建模能力不如 Rhino，工业设计中应用得不多；Cinema 4D 虽然能够建模，但在渲染和动画方面表现更优秀，但学习难度大，使用的专业性比较强，一般的学习者不会选择这款软件。还有一些在工程领域应用广泛的三维软件，如 SolidWorks、Pro/E、UG 等矢量三维软件，可以用于填平制造前端的参数化鸿沟，使产品快速进入工程制造阶段。下面介绍工业设计领域常用的几款三维软件。

① Rhino 是主流的曲面建模软件。其相对简单，容易上手，而且塑造曲面造型的方法多样，曲面建模效果优秀，在工业设计中应用广泛。渲染需要靠插件，或依靠其他软件如 KeyShot、Final Render 辅助。其能做简单的动态表现，场景和氛围的营造不如 Cinema 4D 和 Blender，制作视频需要其他软件来辅助。

② Blender 是开源的三维软件，能够用于建模、材质、动画、实时渲染、合成和运动跟踪、音频处理、视频剪辑，是一款综合性的多功能三维可视化软件，软件学习难度适中。

③ Cinema 4D 是 3D 表现软件，可用于建模、渲染、视频。渲染插件强大，在电影制作中应用广泛。在产品设计中，因为学习难度大、内容多，使用这款软件的人并不多，但作为具有高质量动画制作能力和强大渲染能力的软件，如果能够掌握，对于设计来说是如虎添翼。

④ 3DS MAX 是三维建模、渲染和动画软件，曲面建模能力不如 Rhino，但支持多种渲染插件。目前在产品设计领域使用较少，常用于室内和景观设计，以及动画设计、广告设计和需要虚拟现实的设计，可可视化交互。

⑤ SolidWorks 是计算机辅助设计三维软件，应用于功能性强的产品设计中，如汽车、飞机、船舶、电子产品。其界面简洁，易上手，对于复杂零件和壳体的设计都能够很好地适用，是工程师常用的软件。其在工程方面还有仿真分析、数据管理、定制和扩展等高级功能，相较于前面四款软件来说更具数据化特征，能够利用软件进行性能测试，检验设计的各方面的具体性能。

5.2.3 渲染和动画软件

① KeyShot 是光线追踪和光渲染软件，界面简单，材质、灯光、镜头参数控制方便，易上手，三维仿真效果强，能够进行高质量渲染和制作动画，但不能建模。

②Cinema 4D可用于渲染，界面和操作相对复杂，参数调整需要技巧和经验，不易上手，但渲染和动画结果比KeyShot要好。

当然还有很多其他的渲染软件，如V-Ray、Corona等，在产品设计中不太常用，具体应用在相关课程中有相应的介绍，本书不再赘述。

5.3 设计版面

设计类专业离不开版式设计，通过版式设计表现设计成果是设计课程结课时必须掌握技术和流程。除了平面设计专业对版式设计有专门的课程外，其他设计专业的版式设计一般在设计课程中强化。版式设计需要历练，通过一次又一次的学习、模仿、应用，才能逐渐掌握设计版面制作的技巧并达到相应的审美要求。版式设计是设计师的基本功，也是考验每一名设计学习者的技术。版式设计在产品设计中应用于设计效果的二维呈现，常被称为产品设计版面。在产品设计版面中有很多的技巧，灵活应用才能获得升华。

产品设计版面从属于版式设计，是将文字、图片或图形、线条线框、色块等版面基本构成因素在一个有限的空间里进行布置，通过设计手法形成主题明确、信息充分、条理清晰的画面，方便向不同的人说明设计构想并最终呈现设计效果。产品设计版面将整个产品设计概念及效果通过画面呈现，把设计背景、目标人群、设计概念、使用过程、产品尺度、人机分析、产品CMF、产品局部细节等内容，结合版式设计的基本要素和法则，最大限度地在有限的画面中布置，集中表现与产品设计相关的诸多内容，是一种展示设计成果的简洁而有效的方式。要想获得好的版面，必须理解以下几点。首先，要明确产品设计版面的作用，产品设计版面的最主要的作用是呈现设计结果。其次，通过二维空间的编排形成画面的空间层次，主要有四种方式：①比例关系构成空间层次，通过画面大小形成主从关系，大的图、大的字具有画面的主要话语权，层次最高；②位置关系构成空间层次，通过位置来凸显重要的画面，让重要的画面成为视觉的焦点；③色彩关系形成空间层次，通过色彩的明度、纯度、色相三个基本要素来形成画面的主次关系；④通过动静关系、图像肌理、图像背景关系、虚实对比产生空间层次。

图5-19中，美甲打磨器是整个版面内容的重点，和使用场景一起占据画面的

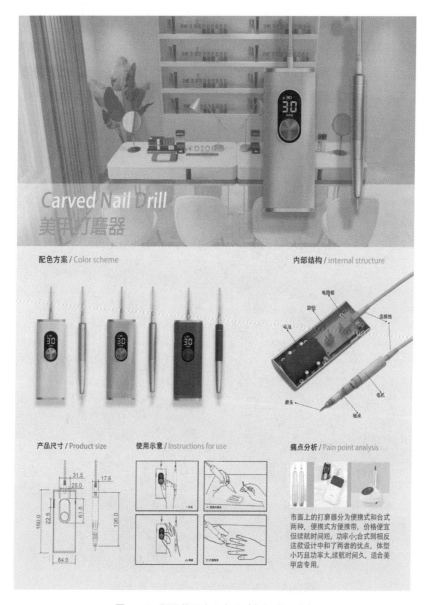

图 5-19 版面的层次和条理（杨江洪设计）

上半部分，但因为背景和美甲打磨器的对比关系没处理好，第一层次的美甲打磨器没有直接抢夺第一视线，应在明度和对比度上做处理，让美甲打磨器重点突出，真正担当第一层次的重任。图 5-20 中，产品主图占据了画面的中心部分，画面中也通过图的明度、纯度、清晰度把产品的主要特征、主要设计点进行了呈现。图 5-21

中,主图醒目,背景和产品明度有差别,使得主图产品非常清晰。图 5-19 所示版面中部色彩方案和内部结构说明通过对齐、透底图的使用使层次分明,色彩饱和度也比较高。而第三层次画面最下面一排,通过线形图灰底的处理让这一层次在画面中弱于中间部分的第二层次。画面的秩序、条理、逻辑通过设计手段可以清晰表现。

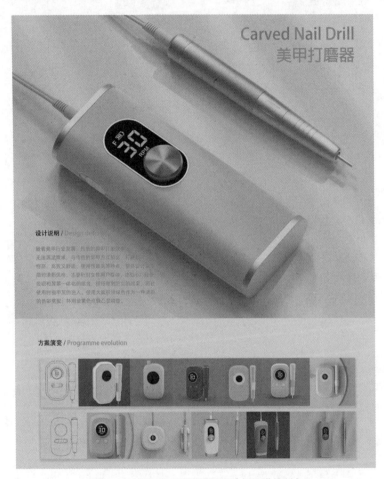

图 5-20 美甲打磨器设计版面(杨江洪绘制)

5.3.1 产品设计版面的内容

为了对设计概念和设计结果的来龙去脉进行解释,一般在版面中会集中表达以下内容。

① 展现设计成果以及产品的整体效果。选择最能反映设计特征及视角的产品整

体效果图,向观众呈现根据设计目的形成的最终设计结果。如图 5-19 所示画面上部的美甲打磨器,图 5-21 中心位置的三张不同视角的理发器,都是作为最终的设计效果呈现。

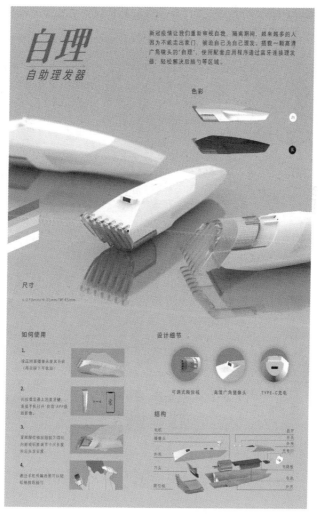

图 5-21　自理理发器设计

② 创新点、设计点说明:产品的痛点说明或产品创新解决了什么问题。说明设计创意点及构思过程,设计拟解决的问题以及解决问题的思考过程。产品的创意过程以及设计方案的迭代:设计思考以及设计方案迭代推演的过程说明。图 5-20 中的方案演变板块将构思演变迭代的过程进行了说明。

③ 揭示产品使用流程。分析产品的使用情境，产品适用的情形和环境。图 5-19 上部的环境，以及图 5-22 所示管线直饮机上部的使用情境，交代了产品使用和放置的空间、场所。图 5-19 的使用示意将产品的使用流程通过情境故事展开说明。图 5-21 左下角的如何使用把产品的使用流程进行了分解。

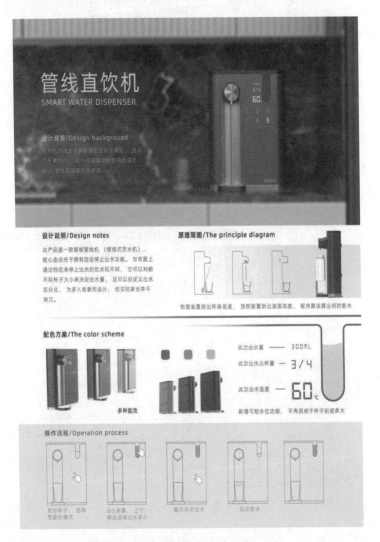

图 5-22　管线直饮机版面 1（郑俊明绘制）

④ 产品人机互动方式。包括翻折转动、握持、启动、推拉、拨动等操控方式以及其他产品与人交互的方式。图 5-22 中的原理简图呈现了管线直饮机的原理以及

操作流程。

⑤ 局部细节呈现。表现设计细节，如散热孔、进风口、出风口，显示控制，手柄，拎手，数据传输接口，形体的转折变化等局部的设计。如图 5-20 中间部分的设计细节，以及图 5-23 中的底面细节。

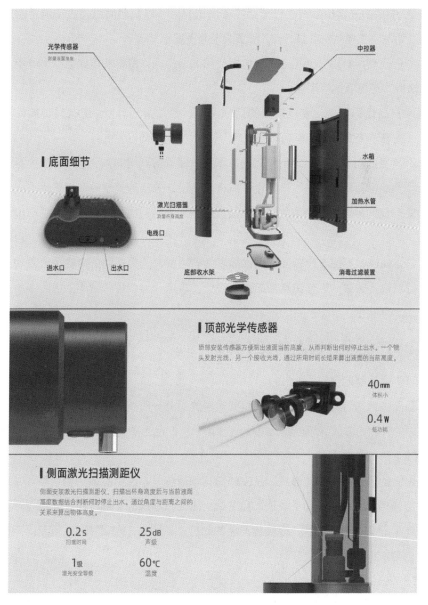

图 5-23　管线直饮机版面 2（郑俊明绘制）

⑥ 说明不同零部件的组装关系和组装方式。通过分型线的划分，不同零部件色彩的差异，或者爆炸图来进行表现。如图 5-19 所示的内部结构，图 5-21 所示的结构，图 5-23 画面右上的爆炸图。

⑦ 解析产品的运动态势。需要通过辅助线条或者通过图形变化来进行说明。如图 5-23 中顶部光学传感器工作时接收和发出光线，以及侧面激光扫描测距仪发出射线辅助说明工作状况；图 5-22 所示原理简图的示意。

⑧ 产品使用情境、使用方法。包括使用情境呈现，背景情境或目标人群使用产品的情境，产品操作手型图。

⑨ 产品目标用户：使用产品的目标用户。如儿童、老人、患有某种疾病的人等，一般与使用情境搭配呈现。

⑩ 产品的创意来源：产品构思的来源，一般以背景图的方式融入版面中。

⑪ 产品所追求的意境：产品设计风格以及设计效果相关联的意境表达。

⑫ 产品的尺度：将参照物和产品放置在一起进行对比，让人对产品的尺度一目了然。

总体而言，产品设计版面可以根据表达的需要，选择不同的内容组合呈现，引起人们对设计的关注，借由精彩的版面设计，重点突出、层次分明的内容吸引人们观看。

5.3.2 产品设计版面的三个原则

（1）主题鲜明突出

画面主题内容鲜明，使人在视线搜索时能够第一时间捕捉产品的主要效果。围绕主题的辅助内容简练而必要。如图 5-21 所示，产品形象突出，主题内容不言而明。

（2）形式与内容统一

版面的风格和排布的形式以及主题形式和谐统一。整个版面的内容与版式风格能够相辅相成，版式有助于表现产品主题。比如有动感的产品，版式就需要选择有利于体现动感的布局形式，以突出产品的动感。如图 5-19、图 5-22 所示，版面内板块内容组织有序、层次分明。

（3）强化整体布局

版面规划得当，主图、辅图、背景层次分明，内容排列有序，图和图、文字和

图、文字和文字、图和背景、图和辅助图案的关系以及层次清晰。

5.3.3 产品设计版面的视觉流程

经过设计，使版面的内容变得有次序、有逻辑、有条理，通过规划引导观看者的视线形成视觉顺序，称为视觉流程。在设计前，一般要根据需要组织的内容、画面的尺寸、产品的形式、以纵向表现还是横向表现效果最佳来确定版面的视觉流程。在产品设计中，如果对版面的方向没有特别的规定，一般按照产品主图的横向和纵向尺度来规划版面，主要有以下几种类型。

（1）单向视觉流程

① 纵向视觉流程：画面内容按照垂直方向排列，以从上至下的次序布置的视觉流程。一般这样的版面给人坚定、直观、理性、庄重的感觉。如图 5-24 所示的 1 从画面整体来看应用了纵向视觉流程，从上至下的画面按比例割成不等的几块，适合纵向阅读，是非常经典的纵向视觉流程。而图中 2、3 所示是整体纵向、局部横向的综合视觉流程。图 5-25 是纵向视觉流程的一个案例。

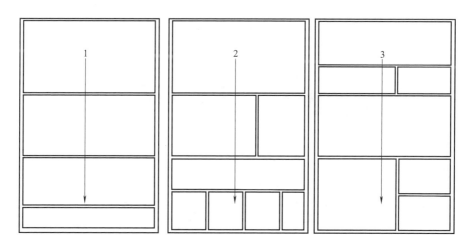

图 5-24　纵向视觉流程

② 横向视觉流程：画面内容以水平方向，以从左至右的次序布置的视觉流程。版面给人稳定、恬静、平和的感觉。画面整体明显从左到右分割，以水平横向布置为主。横向视觉流程的产品设计版面形成稳定、静态的版面效果。如图 5-26 所示的 1 是非常典型的横向视觉流程，而 2 是整体横向、局部竖向的综合视觉流程。当

然，好看的版面还要在基本版面的基础上进行灵活调整。图 5-27 是横向视觉流程的一个案例。

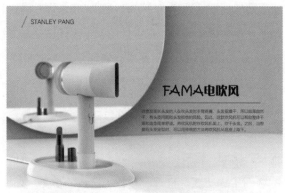

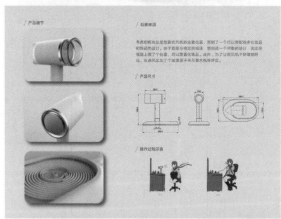

图 5-25　纵向视觉流程案例

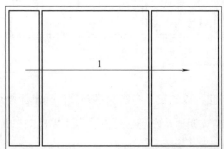
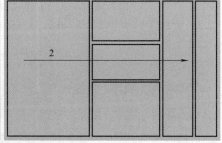

图 5-26　横向视觉流程案例

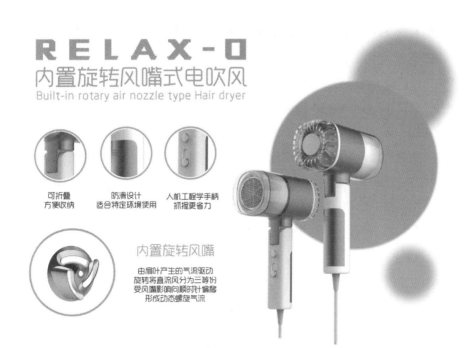

图 5-27 横向视觉流程案例

③ 斜向视觉流程:将画面内容以倾斜方式布置的视觉流程,一般给人不稳定、动态、飞跃、冲刺的感觉,从而引人注意(图 5-28)。其适用于各种交通工具或者动感强的产品设计版面。

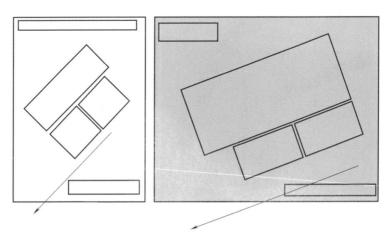

图 5-28 斜向视觉流程

第 5 章 设计表达

斜向视觉流程适合表现具有运动感觉的产品，有明显的运动方向和不平衡感觉。如图 5-29 所示红点设计奖获奖作品 JBL 骨传导耳机的产品设计版面，初看有纵向视觉流程感觉，而背景色块的应用又有横向视觉流程感觉，视觉导引的每一个层次都是纵向观看的视觉扫描，两张大图的布局决定了视线的走向，通过错落安排又让整个版面非常活泼。它打破了中规中矩的横向和纵向视觉流程，既不是绝对的横向，也不是绝对的纵向，画面的规整虽被打破但显得灵动。这样的视觉流程即为斜向视觉流程。图 5-29 中的主要内容是耳机，视觉流程从右上到左下。当要了解产

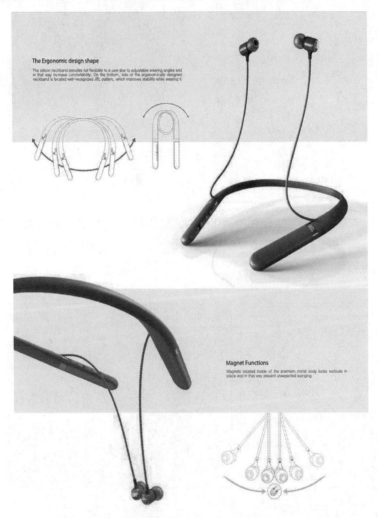

图 5-29　斜向视觉流程案例——红点设计奖获奖作品 JBL 骨传导耳机
产品设计版面（来源：红点设计奖官网）

品的设计理念时，左上和右上的内容才进入视线，因为这两个板块的文字和图片的视觉抢夺都不如绿色和红色耳机，由图片的大小和颜色的明度、纯度处理形成内容的层次，而其中两块浅灰色块既作为背景，也一定程度上起到分割画面内容和定位的作用。绿色和红色耳机图片打破了原有的横向和竖向视觉格局，使得整个画面变得活泼而有动感。

以上三种视觉流程不是绝对的，很多时候可以灵活运用，但在开始版面设计之前，需要确定整个画面的总体走向，这有利于画面的秩序和条理的形成。规划好整个版面的明确视觉走向，可以在各个内容板块里面叠加应用其他视觉引导方式。如图 5-29 所示，总体来说版面是斜向视觉流程，然后局部采用横向视觉流程，叠加其他说明内容。

（2）曲线视觉流程

曲线视觉流程常按照 C 形或 S 形布置内容，一般给人活泼、灵动、流畅的感觉。C 形视觉流程能够产生扩张感和方向感。S 形视觉流程通过相反的弧线产生峰回路转的感觉，使视线起伏变化。使用曲线视觉流程的版面，可能基于主题产品的轮廓线比较倾向于使用曲线、圆弧线或流线，通过画面分割线给人曲线观感（图 5-30）。

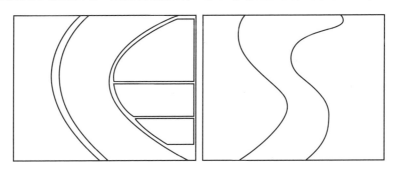

图 5-30　曲线视觉流程

（3）重心视觉流程

重心视觉流程是选择版面中某一位置进行重点内容信息的传达，通过重心位置的产品形象形成强烈的视觉效果。重心视觉流程有两种类型：一种为向心式，以视觉中心为重心，其他形式内容向重心聚集，如图 5-31 左侧示意图；另一种为离心式，由重心点向外发散，如图 5-31 右侧示意图。重心视觉流程能鲜明突出主题，产生直观、强烈的视觉感受。重心视觉流程也是一种能产生强烈动感的视觉流程。

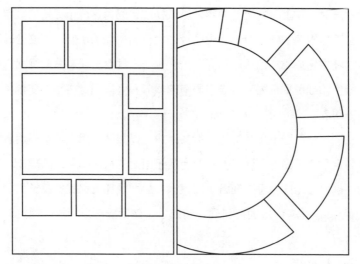

图 5-31 重心视觉流程

（4）导向视觉流程

导向视觉流程是指画面中有明显的导引线或箭头，可以引导视线轨迹的次序的视觉流程。

如果画面视线重点不突出，没有先后次序，画面内容组织处理不好，会给人比较凌乱、缺乏主次的感觉。

5.3.4 版面的基本类型

① 骨骼型：画面中有很多小图整齐排布的版面形式，给人以严谨、和谐、理性的感觉。依靠大图和小图的对比形成节奏。如图 5-20 方案演变部分的多个方案小图的排列方式，或者图 5-22 所示操作流程小图。图 5-32 中的小图成片排列，具有相同特征或说明功能的图在画面中位于相同区域。

② 满版型：通版铺满，内容多用透底图，整个版面看起来舒展大方。图 5-23 所示管线直饮机版面全部用透底图，通铺画面，内容衔接良好，图和图之间和谐、不冲突。

③ 上下分割型：通过图的排列或者辅助线分割，画面有明显的上、中、下三个区域，版面风格四平八稳、中规中矩。如图 5-32 所示，整个版面基本分成三大区域和七个子区域，不同的内容布置在不同的区域，通过规划或分或合将内容整理成层次分明、重点突出、条理清晰的画面。

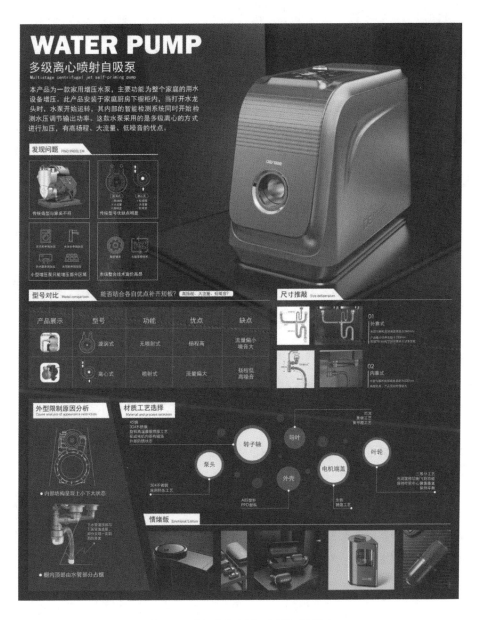

图 5-32 多级离心喷射泵（赵依琳制作）

④ 左右分割型：画面看起来是明显的左右不对称的两块区域，纵向排列内容。一般这种版面主图纵向尺寸明显大于横向尺寸，给人垂直、崇高的感觉。参见纵向视觉流程。

⑤ 中轴型：又称对称型，有左右对称或上下对称，又根据内容比重分为绝对对称与相对对称。水平中轴画面稳定、安静、平和、含蓄；垂直中轴画面稳定、庄重、理性。这样分割四平八稳，画面不够活泼。

⑥ 曲线型：参见曲线视觉流程。这种版面富含节奏和韵律，画面活泼、有动感。

⑦ 倾斜型：画面主要内容斜向排布，动感、不稳定、引人注目，适合与动感关系密切的产品，如交通工具、运动健身类工具。参见斜向视觉流程。

⑧ 重心型：没有典型的画面分割形式，根据均衡原则进行排布，可以以独立、向心、离心的方式组织画面关系，画面给人焦点强烈而突出的感觉。参见重心视觉流程。

⑨ 并置型：根据均衡审美原则对内容进行排版，版面给人有秩序、安静、调和、有节奏的感觉。

⑩ 自由型：画面内容自由组织，不拘泥于构图的形式，版面给人活泼、轻快的感觉。

版面的排布要根据产品的主题和画面的内容以及所需要的风格来进行规划，灵活运用版面以获得最优效果。

5.3.5 图形的类型及面积和组织方式

常见的图形有三种：方形图、退底图、出血图。

① 方形图：外轮廓为规整的矩形图，一般给人稳重、严谨、静止的感觉。图和背景关系处理不当会有生硬的感觉，一般会对图进行二次处理。如图 5-32 所示的情绪版部分的带背景小方图。

② 退底图：图形的背景和版面背景融为一体的图。这样的图自由而突出、轻松活泼、动感十足、有亲和力；边缘不明显，很容易和画面融合，图和背景的关系易于协调；常采用 TIFF 格式或 PNG 格式。如图 5-33 所示，多级离心喷射泵的爆炸图背景和主图融为一体。

③ 出血图：图形有向外扩张、舒展的趋势，能够抒情或传达强烈的动感，图形超出画面向外扩张。如图 5-34 所示，理发器有向外扩张的趋势。

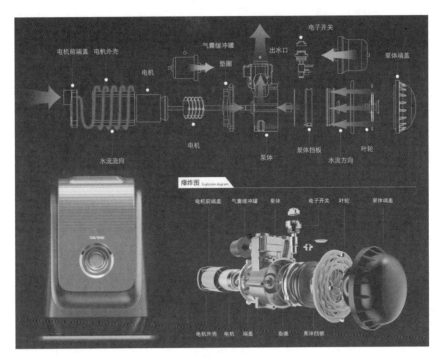

图 5-33　多级离心喷射泵（赵依琳制作）

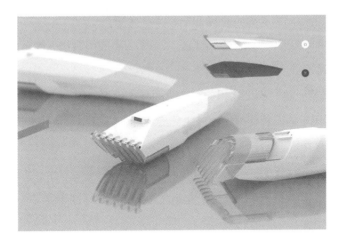

图 5-34　理发器设计（毛天鸿制作）

5.3.6　图形的面积

大小不同的图形在营造版面氛围时发挥不同的作用：

① 大图形情感强烈：令人瞩目、感染力强，能给人舒服、愉快之感，常用来表现细节，有亲和力。

② 小图精密：简洁而精致，有点缀和呼应版面主题的作用，但也有拘谨、静止、乏味的感觉。

版面中，图形和图形、图形和文字，以及文字和文字的组织方式得当，画面会张弛有度，易于形成层次。

5.3.7　产品设计版面统筹方法

产品设计版面统筹的目的是使排版井然有序、重点突出、主次分明、逻辑完整。通过以下方法来实现产品设计版面的协调统一。

① 版面结构区域划分、对齐：借助辅助线或通过图片、文字对齐的方式，使得画面上有明显的区域规划。如图 5-25、图 5-32 通过线条和色块巧妙地将图形布置在不同的版面区域。

② 借助辅助图形：根据表现需要，绘制或使用已有的辅助图形，将文字和图形根据辅助图形进行排版。辅助图形一般可以选取产品外观的特征线条，或者和产品背景相关的形态。辅助图形不能喧宾夺主，在明度和色调上只起衬托作用。如图 5-35 所示借助了很多弧形进行布局，但由于色彩的明度和纯度设置不当，使画面主要内容不够突出，辅助图形喧宾夺主了。

③ 图片风格一致：群组化相关图片，同类内容通过规划统一的格式来进行排版，通过相似风格的图片使得图片产生群族特征，协调统一。见图 5-35 和本节版面案例中的小图内容。

④ 透底图：透底图因为没有明显的边界，很容易与背景融合、协调一致。

⑤ 流程图：用来说明操作流程、有明显顺序的图。通过图片风格和指向性辅助符号来整合。见图 5-21、图 5-22。

⑥ 颜色：通过相同的边框颜色、背景颜色、图片色调来整合不同的图片。见图 5-33。

⑦ 文字：通过对齐、大小、色彩、字号、字型来处理不同文字的关系，通过对齐来处理图片和文字的关系。

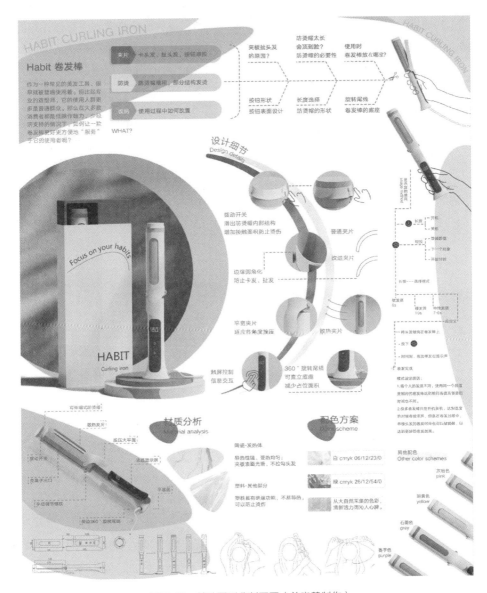

图 5-35 辅助图形分割画面（姜晓慧制作）

5.4 展示视频制作

产品经过一系列的设计表现，就到了设计呈现阶段，视频是最为直观和最具感染力的表现形式。可以通过 Blender、KeyShot、Cinema 4D、After Effects 将产品的工作原理、内部结构、使用方式、细节设计、产品设计概念来源、原有设计的问题、解决问题的方案用动态方式进行说明。

5.4.1 产品设计视频内容

产品设计视频将产品的来龙去脉进行了介绍，通过动态演示，浓缩产品的设计开发内容，直观而且带有动效，激发人们了解产品的兴趣，让人印象更深刻。

① 主要设计目的介绍，即为什么设计这个产品，原有产品存在的问题，产品解决了什么问题，怎么解决的。

② 产品的整体形象的三维、多角度呈现，让用户了解产品的各个角度的设计。

③ 设计的细节部分放大呈现以及设计细节表现。

④ 产品工作原理三维演示说明。

⑤ 产品部件、爆炸图及内部组装方式说明。

⑥ 产品性能或测试说明。

⑦ 产品使用功能和操纵方式动态演示。

⑧ 产品相关因素的呈现，如尺度、目标人群、产品形态构思意境等。

⑨ 必要的文字说明，标注产品相关信息。

⑩ 与产品风格匹配的音效等。

以上内容根据需要进行组合和剪辑。

5.4.2 产品设计视频剪辑软件

基于渲染的效果图和产品动画，通过剪辑软件可以形成画面精美、情节完整的产品设计视频。常用的视频剪辑软件有剪映、Blender、Cinema 4D、Adobe Premiere Pro（Pr）、After Effects（AE）、格式工厂（Format Factory）、爱剪辑、会声会影、快剪辑等。

① 剪映、爱剪辑、快剪辑三款软件普及广、零基础、上手快、界面简单。只要将必要的产品动画、产品图，以及选好的音乐和背景添加到软件中即可。简单的产品动画、炫酷的特效需要其他软件辅助，它们只能做简单特效。作为剪辑软件，它们在"剪"和"编辑"方面能够使人快速掌握。

② 格式工厂，新手可用，界面直观、简单，不能做特效，只能剪辑。

③ AE、Pr、会声会影是专业的特效制作软件，有一定难度，需专门学习，上手不容易，但制作的效果容易激发氛围感。

④ Cinema 4D 在剪辑等方面能够塑造丰富多彩的氛围感，烘托产品，相较其他几款软件来说较难上手，但做出的视频精彩纷呈，值得使用。

5.4.3　产品设计视频展示原则

主题突出，逻辑清晰，能够将产品的设计思路交代清楚，完整呈现产品内外及局部细节，以及产品的功能和原理，并能够通过音效和动效打造产品的意境和氛围，使产品的设计和定位一目了然。

5.5　设计模型制作

设计模型制作是推敲和验证想法的手段，运用发泡材料、石膏、玻璃钢、树脂、ABS 等材料，采用恰当的结构及合理的工艺，通过三维形体的形式表现设计概念、产品形态和内部构造。设计模型制作是设计过程中有效实现分析、评价的手段。模型可以对产品的比例、结构、配色、形态进行实验，以期获得理想的设计效果，并且可以反复验证设计方案，促进方案根据验证结果进行调整，趋向合理。

5.5.1　模型的作用

① 记录、构思、研究比例，常用草模形式。仅需要外观比例和形态，常用于局部或者产品总体比例的研究。

② 推敲形态，常用草模形式。采用的草模相较于第①点所述的草模更为精细，用以检验外观的协调性和流畅性，以及内外形态之间的关系，启发后期设计细节的改进和提升，使得方案形态和细节更符合设计意图。

③ 检查分析内部结构的合理性和可行性，常用草模形式。一般采用功能模型，用简易的形式对内部结构和运行方式进行实验，以实现和检验内部结构，以及检验功能的执行程度和效果。一般忽略外观，只注重性能的验证。

④ 模型表达具有用实物进行展示的直观性、真实性，常用样机形式。模型到这个层次，"内外兼修"，内部和外形都相对比较完整，和真实产品的外观或外观结合性能差不多，通常称为样机。

5.5.2 模型按照其作用的分类

① 形态观察模型是仅用于观察产品的形态比例，验证人机尺度，检验人机交互的结果，是偏向于形态的模型形式。

② 功能模型是用于实验预想的产品功能和进行性能验证的模型，能够进行原理、结构、工艺的验证，是偏向于检验工程性能的模型形式。

③ 展示模型有两种：一种是仅仅进行形态展示而无法使用的形态模型；另一种是具有未来产品的性能，能够实现产品功能，等同于即将面世的产品，是能够真正执行功能的模型。

在专业课程中设置有专门的模型课程，本章仅进行简单的介绍，对于模型制作的具体方法不进行讲解。

5.6 设计报告的制作

设计报告作为课程结束的总结性汇报，内容囊括了围绕主题的整个设计思路的发展，实质上是交代课程主题确立后，设计从无到有、从无形的想法变成有形的设计的过程，并且着重于各种研究过程的呈现。

设计报告对以下一系列情况进行说明和论证：市场调研、背景调研、概念来源、目标人群、产品痛点分析及情境故事、核心技术调研、原有产品原理、功能分析、任务分析、技术方案探索、手绘草图、方案合理性说明（人机工程学合理性、技术合理性、工作原理合理性、CMF 合理性）、结构简图、原理图、功能图、使用情境、尺寸图、色彩方案。

其他内容在手绘草图和版面中都有介绍。下面重点介绍下背景调研、核心技术调研、方案合理性说明。

（1）背景调研和核心技术调研

背景调研中，需要对与新产品开发相关的社会环境、人文环境、自然环境进行调研，一方面说明新概念诞生的条件，另一方面可能会涉及产品痛点产生的原因。

在探索产品问题的解决方案的过程中，必须对产品的技术原理有所了解，核心技术调研是对实现产品各项功能的技术进行广泛调研，了解产品的工作原理。合理的设计以产品工作原理和技术的优化整合为基础。脱离工作原理和技术的产品设计是缺乏竞争力和生命力的。在产品开发前，务必进行调研，对产品工作原理进行比较，掌握不同品牌的核心技术产品的效益以及相关的情况。

（2）用户研究

① 围绕用户的态度进行用户分析。

② 持该态度的用户使用产品的情境。

③ 与产品相关的任务分析。

④ 用户对该产品的功能的需求，模拟或体验用户对产品的使用以期发现问题。

（3）产品研究

① 产品的功能分析：将主要功能和辅助功能厘清，并以功能的逻辑关系对产品的功能进行解读，结合用户体验对产品的功能进行规划。

② 竞品分析：对市面上具有类似功能的产品进行分析对比，发现产品的功能差异、CMF 差异、造型个性差异，并从中找到市场的机会，这有利于明确产品的差异性。

③ 趋势分析：通过竞品分析，结合市场流行趋势，明确产品的设计风格，以利于指导产品的造型和 CMF 的定位。

（4）产品痛点分析

通过以下的几种方式将产品、人及环境之间存在的矛盾和问题表现出来。

① 情境故事；

② 人物画像；

③ 用户旅程图。

（5）设计概念提出及方案评估

设计概念确定后，一般会探索解决问题的方案，需要对方案的合理性做出评估，以选择最佳的方案实现设计概念。

① 概念提出：明确对产品痛点的构思方向，并提出解决的方案，形成设计概念。

② 方案评估：对解决方案的优缺点进行评估并通过实验手段来验证，最后确定具有优势的解决方案。

③ 模型检验：制作模型检验设计概念，对产品的功能进行测试和检验，反复调整，可以多次评估方案，多次修改，最终完成设计。

（6）方案合理性说明

基于创新概念的设计，尤其是在工作原理、核心技术上采用了原产品所不具备的新原理、新技术、新材料、新工艺时，在设计报告中需要将采用的方案的原因进行说明。对包括人机工程学合理性、技术合理性、工作原理合理性、CMF 合理性等逐一进行说明，可以包含实验验证的过程和方法。在方案合理性说明中也可以采用情境故事来交代设计方案的亮点及操控方式。

（7）最终方案呈现

通过建模、渲染和排版技术，将产品的效果进行呈现，并对产品的设计过程和概念进行说明展示。

本章具体介绍了产品设计表现的手绘草图、效果图、视频、设计报告，在前几章的基础上，把整个产品设计过程中的各种方法、研究的结果按照设计过程的逻辑顺序进行了整理，最终形成了完整的设计报告。设计报告是全面详细的产品设计说明，产品版面和视频是提纲挈领的说明。

至此，小家电产品创新设计的所有环节全部完成。

参考文献

[1] 王安福.家用电器[M].武汉：湖北科学技术出版社，2007.

[2] 虞献文.家用电器原理与应用[M].北京：高等教育出版社，2001.

[3] 韩雪涛.小家电故障维修全程指导[M].北京：化学工业出版社，2011.

[4] 唐德安.家用电器选购使用常识问答[M].北京：中国林业出版社，2002.

[5] 陈根.家电产品设计[M].北京：化学工业出版社，2013.

[6] 张新德，张新春，等.易学快修小家电[M].北京：机械工业出版社，2018.

[7] 韩广兴.日用小家电故障检修学用速训[M].北京：电子工业出版社，2011.

[8] 初厚绪，袁喜国.小家电原理使用与维修[M].北京：高等教育出版社，2008.

[9] 陈铁山，等.小家电维修技师好帮手[M].北京：电子工业出版社，2015.

[10] 韩雪涛.图解小家电维修完全精通[M].北京：化学工业出版社，2014.

[11] 雷达.工业设计资料集：家用电器[M].北京：中国建筑工业出版社，2008.

[12] [美]Jesse James Garrett.用户体验要素：以用户为中心的产品设计[M].范晓燕，译.北京：机械工业出版社，2011.

[13] 胡飞.洞悉用户：用户研究方法与应用[M].北京：中国建筑工业出版社，2010.

[14] 余德彰，林文绮，王介丘.剧本导引：信息时代产品与服务设计新法[M].田园城市文化事业有限公司，2001.

[15] 贝拉·马丁，布鲁斯·汉宁顿.通用设计方法[M].初晓华，译.北京：中央编译出版社，2013.

[16] [英]詹姆斯·戴森.发明：詹姆斯·戴森创造之旅[M].毛大庆，译.北京：中国纺织出版社，2022.

[17] [日]守山久子.巴慕达：令人称奇的设计经营 从零到建立品牌的8个法则[M].张惠佳，译.北京：电子工业出版社，2017.

[18] [美]汤姆·凯利，乔纳森·利特曼.创新的艺术[M].李煜萍，谢荣华，译.北京：中信出版社，2013.

[19] 林仲贤.颜色视觉心理学[M].北京：中国人民大学出版社，2011.

[20] [韩]金容淑.设计中的色彩心理学[M].武传海，曹婷，译.北京：人民邮电出版社，2011.

[21] 王岳.材料在产品设计中的创新应用研究[J].包装工程，2015，36（8）：68-71.